尽善尽美  弗求弗迪

三个存钱罐

金融学教授的
儿童财商启蒙课

阎志鹏—著

电子工业出版社
Publishing House of Electronics Industry
北京·BEIJING

图书在版编目（CIP）数据

三个存钱罐：金融学教授的儿童财商启蒙课/阎志鹏著. —北京：电子工业出版社，2022.2

ISBN 978-7-121-41826-6

Ⅰ.①三… Ⅱ.①阎… Ⅲ.①财务管理－儿童读物 Ⅳ.①TS976.15–49

中国版本图书馆CIP数据核字（2021）第169602号

责任编辑：黄益聪

印　　刷：三河市鑫金马印装有限公司

装　　订：三河市鑫金马印装有限公司

出版发行：电子工业出版社

　　　　　北京市海淀区万寿路173信箱　邮编：100036

开　　本：720×1000　1/16　印张：16.75　字数：203千字

版　　次：2022年2月第1版

印　　次：2022年10月第2次印刷

定　　价：58.00元

凡所购买电子工业出版社图书有缺损问题，请向购买书店调换。若书店售缺，请与本社发行部联系，联系及邮购电话：（010）88254888，88258888。

质量投诉请发邮件至zlts@phei.com.cn，盗版侵权举报请发邮件至dbqq@phei.com.cn。

本书咨询联系方式：（010）57565890，meidipub@phei.com.cn。

推 荐

理财能力是现代人基本的生存能力，财商不足的人，在日益复杂的经济生活中，很难实现财富积累。而财商的培养要从娃娃抓起，孩童时父母的言传身教，胜过成年后读100本教科书。这本书给出了不同年龄段孩子的财商培养建议，相信会给家长们带来启发。不仅如此，家长对孩子进行财商教育，也是亲子互动的好机会和建立良好代际关系的重要手段。

——幸福加智慧父母课堂创始人，
教育心理学专著《儿童学习力：问题、规律与应对》作者　肖兴荣

这是一本让人耳目一新的针对孩子财商培养的佳作。本书从家长的角度，通过一个个真实故事和亲身体验系统地探讨了如何提高不同年龄阶段孩子的财商。我相信这本书不但值得家长和孩子一读，也值得所有渴望提升自身金融素养的人学习！

—— 睿远基金管理有限公司总经理　陈光明

学习金融知识是一项基本人权。志鹏的新书与他的专栏和公众号文章一样充满了睿智。本书从人生发展的基石——品格入手，从工作、储蓄、花费、借债、如何守住财富等方面系统地阐述了提升财商的基本法则。这是一本可读性极高、贴近父母培养孩子财商需求的财商启蒙书，也是一本让人惊艳的亲子育儿书。强烈推荐给所有父母和大中小学生！

——长江商学院副院长、杰出院长讲习教授　李海涛

关于财商启蒙，归根到底要解决的问题是面对金钱如何做出选择，如何和金钱做朋友，如何让钱成为让生活更自由的工具，这也是财商教育的核心。本书从生活中的点滴出发，由浅入深地把财商知识呈现给家长和孩子们，摒弃了传统的说教方式，通过一系列轻松流畅的故事，融入了一个个经济与金融小知识，借此帮孩子建立起与时俱进的金融财商观念。每章附带的梦想清单更是一个特别棒的鼓励家长和孩子一起实践正确金钱观并科学做出自我评价的方法，真心推荐！

——AMT集团共同创始人、中国中小企业协会副会长　王玉荣

多数中国家长更多地把注意力集中在孩子学科知识的启蒙或者分数的提升上，而很少有家长去教孩子"如何和钱打交道"。阎教授通过古今中外实际案例及自身生活经验，引导家长们锻炼孩子创造财富、管理财富的能力。本书具有极强的可读性及可操作性，非常适合小中大学的学生家长们阅读，这是目前儿童及青少年教育界不可多得的好书！

——慧科教育科技集团共同创始人、董事长兼CEO　岳喜伟

志鹏教授作为金融投资领域的教育者、实践者，从父亲的角度来探讨和分享了如何培养财商。相信不仅孩子，父母自身也会从中受益匪浅。这是一本充满智慧、内容丰富的财商培育指南，非常值得阅读！

——南京大学教授、南京大学出版研究院常务副院长　张志强

前　言

学习金融知识是一项基本人权

财商或者说金融智商，指的是通过了解金钱的运作方式来获取、管理和实现财富增长的能力。决定写这本书很偶然。2018年年初，爷爷奶奶在回国前，提前给了我6岁多的儿子和3岁多的女儿一些压岁钱。为了让上小学一年级的儿子对金钱和金融机构有个初步认识，我在春节过后带着他去了我家附近的社区银行开户，将压岁钱以他的名义存了起来。

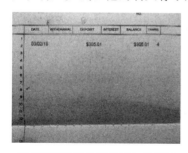

在新泽西的银行帮儿子办的存折

不承想，一路上儿子特别兴奋，蹦蹦跳跳地问我什么是银行，什么是利息，为什么要存钱。幸好我是研究金融的，不然有些问题我还真回答不上来。到了银行，我才知道很多美国家长帮自己的孩子办了类似的储蓄账号。而且这家银行为了鼓励家长这么做，给小孩账户的存款利息是1.5%，而成人账户的利息才0.25%。

更让我惊喜的是，这家银行给孩子办理的居然是"上个世纪的古董"——存折。现在一般银行开户只发卡，不发存折。在实际生活中，很多人银行卡也不用了，直接用支付宝或微信支付。但存折对孩子来说有个特别的功效，可以让他看清楚每笔资金进出、利息是多少，让他对钱的收支有切实的感受。

回到家中，我有感而发写了一篇名为《金融教育要从娃娃抓起》的公众号文章。文章经过转载后，一些读者和朋友鼓励我多写些这方面的文章，因为国内对孩子在金钱和财富方面的教育是如此匮乏。其中一位读者就是本书的编辑黄益聪女士。我真心感激益聪的支持和鼓励，更被她的热情所感染。于是我想，为什么不能在给自己年幼的子女进行金融基础教育的同时，和大家分享过程中的点滴呢？

多数人都认为学习金融知识是一项基本人权，但世界各国包括发达国家在普及这项基本人权方面做得很糟糕。根据 2020 年美国各州经济教育调查委员会的报告[1]，全美虽然有 21 个州要求高中学生必须修个人财务课，但实际效果并不理想，大多数学生高中毕业后几乎没有理财方面的知识。该报告指出对个人的理财教育能够让学生更好地理解美国和全球经济，更倾向于为退休存钱，削减个人债务，增设紧急储蓄基金，减少使用高成本借款。

家庭和学校应该共同努力来传授财务技能。资金管理、理性消费是每个学校都应该教授的基本生活技能。虽然中国绝大多数的中小学目前没有提供任何金融相关课程教育，但让人欣喜的是，国家相关部门已经意识到金融基础教育的重要性。2019 年 3 月 15 日，中国证监会与教育部联合印发了《关于加强证券期货知识普及教育的合作备忘录》，计划在学校（包括大中小学）教育中普及证券期货知识。

---

1 https://www.councilforeconed.org/survey-of-the-states-2020/.

　　我们在为证监会和教育部点赞的同时，也要意识到证券期货基础知识只是金融知识中的一小部分，这部分可能更适合高中生和大学生学习。对于年纪更小的孩子来说，家长是培养孩子财商、影响孩子财务行为的主要负责人。剑桥大学的两位学者在一份研究[1]中指出，金钱方面的习惯——包括提前规划和延迟满足的能力——通常是在童年早期形成的。

　　对于打算从小培养孩子财商的父母来说，金融知识固然重要，但也许更重要的是让孩子们在实践中做到：重视金钱的时间价值与机会成本，懂得货比三家和质疑财经专家和权威，知道"想要"和"需要"的区别及如何做基本的研究分析，明白教育是人生最好的投资，体会到给予和获得之间的关系，不轻易上当受骗，等等。

　　基于这个认知，我决定写作此书，并确定了本书的主要内容。希望本书能给家长提供一些帮助，更重要的是，让家长意识到财商教育的重要意义，让孩子们在童年养成良好的财务习惯，建立对金钱的正确认识，这将使他们受用终身。

---

1 Whitebread, David, and Sue Bingham.Habit formation and learning in young children London: Money Advice Service,2013.

目　录

引　子

作为父母，我们一定不希望孩子成年后财务不能独立，成为"啃老族"，不希望他们投资频频失误，更不希望孩子对财务诈骗一点辨别力都没有。仅在 2016 年 8 月，中国就发生了三起大学生因学费、生活费被骗而自杀的人间惨剧。我们需要一个科学的财商发展模型，并在此基础上正确培养孩子的财商。就像我们看到一个赌徒就知道十有八九他会穷困潦倒一样，一个科学的模型能帮我们做出预测，能告诉你在财务上近期和长远将要发生的事情。

已故哈佛商学院教授、创新管理学家克莱顿·克里斯坦森（Clayton Christensen）在《你要如何衡量你的人生》一书中，借用戴尔公司因将业务不断外包给华硕电脑而使自己走上了平庸之路的案例，介绍了"资源（resources）、应用流程（processes）和行为价值取向（priorities）"[1] 的能力模型。他认为人们可以把自己想成这三种能力的组合，这对于评估我们人生中什么样的目标可以实现、什么样的目标遥不可及，是一个很有远见的方式。

克里斯坦森认为在了解孩子未来可能遇到的挑战和问题时，该模型能帮助我们评估需要做什么去培养他们的某些能力。在这里，我想利用该模型来阐述如何培育孩子的财商。

---

1 Priorities 直接翻译过来是优先事项、当务之急的意思。在该书中译版中将之翻译成"行为价值取向"，我觉得很贴切。

　　决定孩子财商的第一个因素是资源。对于孩子而言，"资源"是指他能得到的经济和物质资源（家长给的零花钱、压岁钱、自己挣的钱）、他的时间和精力、他的财务知识和天分等。资源的多少是动态变化的。比如，随着家庭财务状况的变化，孩子能够从家长那里获得的物质资源也会变化。财务知识也能增加或减少，正确的教育和引导，使财务知识能够很快积累起来，但在某些诱因下，之前积累的财务知识也可能被摧毁。比如，孩子第一次投资股票就损失惨重，导致他今后一辈子不再碰股票。全球最大的对冲基金桥水的创始人、畅销书《原则》的作者雷·达里奥（Ray Dalio）在 12 岁的时候就开始投资股票。他买入的第一只股票是东北航空公司的股票。他很幸运，买入不久后，股价就翻了三番。如果人生第一次投资不是翻了三番，而是亏钱，"那我就很可能会进入另外一个领域（而不是投资了）。"达里奥说。[1]

　　决定孩子财商的第二个因素是应用流程。"应用流程"是指孩子在面对财务问题和决策时的思考方式，包括如何提出有洞察力的问题，如何面对财务困难和挑战，如何与他人在财务上合作等，还包括孩子利用他的资源为自己或他人实现了什么，做到了什么。比如，孩子打算在三个月内攒 200 元钱捐赠给红十字会，孩子可以在未来三个月内将爸妈给的零花钱节省下来，可以利用周末帮邻居遛狗或洗车赚钱，可以为低年级小孩提供家教服务赚钱，可以将自己不玩的旧玩具或制作的手工艺品卖掉筹钱，甚至可以像马克·吐温笔下的汤姆·索亚那样，诱使其他孩子不但不收取报酬帮自己工作还反过来给自己钱。

　　下面举一个例子，帮助你认识财商培养中资源和应用流程的

---

1 Ahuja, Maneet. The Alpha Masters: Unlocking the Genius of the World's Top Hedge Funds. John Wiley & Sons, 2012.

区别。

中国银保监会主席郭树清指出："高收益意味着高风险，收益率超过 6% 的就要打问号，超过 8% 的就很危险，10% 以上就要准备损失全部本金。"这可以说是一个基本的金融常识。假设孩子在家长的教育下接受了这样的常识，这个常识就成了孩子的"资源"。如果在证券期货知识考试中有类似问题，孩子可能会得满分。但是，这并不意味着孩子拥有灵活运用这一常识的能力。比如，高年级的某同学在网上参与了一个骗局，一个月前投了 100 元，现在都有 105 元了——每个月有 5% 的回报率，年化回报率近 80%！孩子甲虽然有点质疑，但还是在高年级同学的怂恿下做了投资。孩子乙则上网仔细研究了这个骗局，收集了相关资料和之前投资者的评论，然后咨询了一个在银行工作的阿姨，最后认定这大概率是一个骗局，不可能持续下去。他非但自己没有投，还劝说其他同学不要投。很显然，这两个孩子的应用流程能力是完全不一样的。

最后一项影响孩子财商能力的是行为价值取向。"行为价值取向"决定孩子在面对大小财务问题时如何做决定，他会将哪些因素放在最重要的位置，哪些放在次要的位置，以及哪些是他根本不会考虑的。

比如，

在中学阶段，孩子是全身心地学习，准备中考和高考呢，还是不管学业多忙，都要抽出时间来做些兼职工作？

培养课外兴趣的时候，是跟着感觉走，一旦觉得没有太大进步就放弃换另外一个，还是不论如何都尽可能地坚持较长时间？

收到压岁钱后，是将消费、储蓄还是捐赠放在最重要的位置？

奶奶给的一大块巧克力是自己吃呢，还是拿出来和小朋友分享？

孩子可以教其他小孩弹钢琴赚钱，是谁给的钱多就优先教谁呢，还是有其他选择标准？

在小区地摊上买小东西时，是一定要讨价还价到对方不想卖的地步，还是只要符合自己的心理价位就可以了？

如果有用不正当手段赚钱的机会（如伙同其他小孩拿附近工地上的铜块去卖），是去做还是坚决抵制？

在面临一个投资机会时，是将风险还是潜在收益放在首位？

如果有 10 个肯定赚钱的机会放在眼前，是每个机会都不想错过呢，还是只专注收益更高的机会？

…………

孩子的行为价值取向在很大程度上受家长影响。这种影响包括遗传因素和家长在后天对孩子言行的示范和教诲。

在这个能力模型中，行为价值取向是基石。如果基石不稳——分不清孰轻孰重、哪个能做哪个不能做，资源再多、应用程序再好，可能财务上甚至人生道路上都会走弯路、走错路。如果从小养成了一有挫折就轻易放弃，不喜欢就换的习惯，长大后很可能会缺乏"对长期目标的坚持和热爱"，即坚毅的品格。如果只认钱，没有自己做人做事的原则和标准，没有高尚的品格做后盾，长大后很可能在社会中迷失自己。在"品格和财富"这一章，我会探讨包括坚毅在内的品格和培养财商之间的关系。同样地，如果从小只重视自己享用而不愿意给予和分享，从不考虑捐赠，只考虑自己的利益（讨价还价到对方不想做这个生意），那长大后很可能在事业上不会很成功。在"给予和分享"这一章，你会了解到在各行各业做得最好的往往是那些既注重自身发展和利益，也懂得关爱他人的给予者。

如今，很多家长会尽自己一切所能为孩子提供各种金钱和物质资源，将孩子保护起来，不让他们参与生活中的各种财务决策，但是却无意中剥夺了培养孩子形成正确的"行为价值取向"的机会。家长总希望孩子能够在自己的支持和帮助下拥有高财商，早日财务自由，却没有有意识地培养孩子获得财务自由所需要的价值观。希望"品格和财富"及"给予和分享"这两章的探讨能够给你一些启迪。

对于绝大多数人来说，最主要的"资源"来源于工作。孩子应该从小明白人必须工作才能赚钱，必须非常努力工作才有可能赚大钱。"财富来自努力工作"这章讨论的是家务劳动和工作对于培养孩子财商的重要性。家里家外勤劳动能帮助孩子建立信守承诺、守时、独立、不轻易放弃、乐于与他人合作的精神。这些都是和品格紧密相连的。

对于绝大多数孩子来说，重要的金钱和物质资源来自家长：零花钱、压岁钱、做家务赚来的钱、衣服鞋帽、电子用品等。有了这些资源，如何帮孩子养成更好的"应用流程"，即如何使用这些资源，是培养财商重要的一环。"和孩子谈钱""储蓄：让钱慢慢长大""花费：防守赢得冠军""负债：需慎之又慎"这几章讨论的是孩子成长过程中必然会接触到的和钱打交道的几个方面。其中，"和孩子谈钱"这章主要讨论家长在和孩子谈论与钱相关问题时应注意的时机和技巧。其他几章则分别从储蓄、花费和负债这三方面讨论如何培养财商。

还有一个和钱打交道的重要方面是投资。投资涉及的知识面较广，不太适合年纪太小的孩子。但对于 10 岁以上的孩子，有能力的家长可以带着孩子接触相关知识。

与投资相关的"资源"和"应用程序"通常要在学习和实践中

不断积累。很遗憾的是，投资和自然科学不同，牛顿定律和勾股定理这些科学定律，无论何时何地，只要满足假设条件，结论都是确定的。投资定律则不一样。孩子从家长、他人、书本甚至是专家和权威那里获得的"知识"有可能是无用的，甚至是错误的。

首先，很多投资定律的假设在实践中无法满足，比如，假设连续不间断交易、假设交易成本为零、假设金钱是决策者考虑的唯一因素等。其次，即使所有假设都满足了，最后的结果也可能和理论预期的不一样。举个例子，几乎在所有国家，投资者和监管层都认为相对独立的董事会对公司治理是好事。如果我们按照这个结论去选股，我们就不会选择苹果公司。1997 年，苹果公司决定请乔布斯回到苹果当总裁，但乔布斯坚持：董事会必须全力支持他，他不需要相对独立的董事会。他刚刚回到公司就对所有董事下最后通牒："公司糟透了，我没时间给董事会做奶妈。所以我要求你们都辞职。否则我就辞职，下周一就不来了！"[1] 而大家都知道错过在 20 年前投资苹果公司股票的后果。

更糟糕的是，人们从自身经历中获取的宝贵"经验"也可能是错误的。在《黑天鹅：如何应对不可预知的未来》一书中，期权交易员塔勒布用火鸡举了个很形象的例子。西方人在复活节这一天要吃火鸡。假设养大一只火鸡需要 1000 天，在第 1001 天，也就是复活节，火鸡会被杀了吃掉。可是从第一天开始，火鸡一直生活得很开心：人们每天按时给它喂食。每过一天，火鸡对人们的印象就好一分，每一天结束时，火鸡都会期盼明天还会被同样喂食，因为"经验"告诉它以往都是如此。它的安全感越来越强，尽管它离被杀之日越来越近。这种安全感在被杀前一天——最危

---

1 "Steve Jobs"，Walter Isaacson，Simon & Schuster，2011.

险的时候——达到最高点。历史经验对这只可怜的火鸡有什么价值？不但没有价值，反而有危害！

这是个很极端但很深刻的例子，它告诉我们在金融领域不要盲目信任历史数据和经验。2006年9月，美国一只叫Amaranth（原意是一种永生的花）的对冲基金在短短几天内亏损近70亿美元，被迫关门。Amaranth在倒闭的前几天还告诉投资者不要担心市场上的"谣言"，因为其有12个风险管理经理帮助控制风险——他们有着丰富的经验、先进而复杂的风险控制模型，等等。遗憾的是，这些经理并没能预测到风险并帮助公司避免倒闭。[1]

幸运的是，投资虽然不是科学，但一些基本的、普世的智慧却完全可以用在孩子和家长自身财商的培育和提升上。查理·芒格在南加州大学马歇尔商学院的"谈选股艺术"的演讲中指出："我感兴趣的是更为广泛的普世智慧，因为我觉得现代的教育系统很少传授这种智慧，就算有传授，效果也不是很明显……从某种程度上而言，在你成为一个伟大的选股人之前，你需要一些基础教育。"

在"守住财富和投资的普世智慧"这章，我将探讨如何守住财富和一些可以提高财商的普世智慧。这章不单单适合家长和年纪较大的孩子，也适合任何对投资感兴趣的人。对于家长来说，可以将这些普世智慧在日常生活中慢慢地灌输给孩子。

作为一名大学教授，我可能带着固有的偏见——我一直认为最有价值的投资是教育，包括学校里的教育和终身学习。最重要的金融决定往往也是和教育相关的：初高中是读国际学校还是公立学校？是在国内读本科还是去国外？工作两年后是继续工作还是读MBA？在"教育：一生最重要的投资"这章，我会分享自己对

---

1 我在《反思华尔街》一书中对类似问题有较为深入的探讨。

教育相关问题的思考。

书的最后一章是"如果你有个女儿"。女孩的生理、心理发展过程和男孩不同，家庭内外部环境、习俗和社会对待女性也有别于男性。在这章，我想就如何培养女孩的财商做些探讨。

这本书主要是写给家长看的，主要目的是想通过家长来培养孩子的财商。但我希望家长能够和孩子一起阅读、一起思考、一起实践——完成每章后的梦想清单。研究发现，与父母的社会地位相比，积极的亲子财务互动更有助孩子发展健康的财务应对行为。家长经常性地和孩子以积极、正面的方式讨论财务问题，有目的地进行财商教育，明确告诉孩子自己对他们财务方面的期望，对于孩子今后获得财务技能是很重要的。这些讨论和互动除了可以提高孩子的财商，还能改善家长和孩子之间的关系，也能增强两孩以上家庭兄弟姐妹之间的交流。[1]

当然，财商对所有人都很重要。那些想提升自身财商的成年人，也许能从本书中收获一二。

最后，我想再次引用克里斯坦森的一段话："孩子们会在自己准备好学习的时候学习，而不是在你准备好教他们的时候；如果他们遇到生活中的挑战时你没有在他们身边，那么你就失去了塑造他们的价值取向的重要机会。"

愿孩子能够在你的陪伴下不断提升自己的财商！

---

1 Serido, Joyce, Soyeon Shim, Anubha Mishra, and Chuanyi Tang. "Financial parenting, financial coping behaviors, and well-being of emerging adults." Family Relations 59, no. 4 (2010): 453-464.

第一章

品格和财富

深夜赶路的卡尔

深夜，小睡了一会儿的卡尔翻身起床，带上了钱包、手机、一只棒球和一把菜刀，出发了。走了几个小时后，碰到一只野狗，他将备好的棒球扔了出去，狗放过了他，追球去了，用于防身的菜刀没派上用途。卡尔继续前行。凌晨4点左右，在即将进入高速公路坡道赶超近道前，他决定先在边上一个银行的停车场休息一会儿，因为他的双腿实在不听使唤了。

这时一辆警车停了下来，一位叫马克的警官询问他是否需要帮助。卡尔回答道："这听上去很疯狂，但我正赶去上班，今天是我工作的第一天。"

马克问他什么时候吃的饭。在得知卡尔昨晚8点吃了鸡蛋和腊肠，身上没有现金后，马克帮他买了两块鸡肉饼。随后，马克将卡尔带到离上班地点4英里[1]处的一个教堂，告诉卡尔他要换班了，他可以在那里等一两个小时，另外一个警官会开车送他到上班的地方。

---

1 1 英里 ≈ 1609.34 米。

5点半左右，卡尔担心接他的警官不能及时赶到，误了他上班，于是决定不等了，自己继续走。没走多久，另一个巡查的警官将他拦了下来，将他送到上班地……

想干大事的约翰

每天早晨8点，身穿一件高领深色西装，打着黑色领带的约翰总会准点离开他的寄宿公寓，开始逐个拜访事先找好的本地大公司。16岁的约翰完全知道自己想要什么——他要去大公司工作，如信用等级高的铁路公司、银行、大型批发商。"我没有去任何小公司。虽然我猜不出它会是什么，但我想干的是件大事。"约翰说。

很遗憾，当时没有人想要一个男孩，即使有公司主管同意见他，也很少会和约翰谈论工作机会。上一家公司拒绝他后，他就叩响下一家的门，直到天黑。这种被拒绝、被拒绝、再次被拒绝的艰苦跋涉每天都在进行，每周六天，从不间断。名单上的大公司都一一拜访完了，约翰会从头再来，有些公司他走访了两三次。其他男孩可能早已垂头丧气地放弃了，但约翰却是那种特别顽固的人，他会因为拒绝而变得更加坚强。

终于在六个星期后的一个早晨，一家商贸公司的初级合伙人面试了他。他们需要一个帮助记账的。下午公司的高级合伙人也面试了约翰，他在仔细审查了约翰的书写后说："我们会给你一个机会。"他们显然迫切需要一名助理记账员，他们让约翰挂好外套后立刻开始工作，但并没有提及工资。约翰也没有问。就这样苦干了三个月，约翰才收到他第一笔工资。

这两则故事其实都是真实的故事。第一则发生在美国亚拉巴马州的伯明翰市。2018 年 7 月，20 岁的大学生沃尔特·卡尔（Walter Carr）新找到一份搬家的工作。但就在上班的前一天，他的车坏了。在求助了一圈未果后（考虑到车保险，在美国很少有借车给别人的），他决定自己走路 20 英里到达搬家的地方。第二天，搬家的客户拉梅打电话给卡尔的主管，告诉主管卡尔的所作所为，两个人在电话里都感动地哭了。拉梅还在 Facebook 上发布了这个故事，故事很快就传开了。隔了几日，卡尔所在公司的老板马克林约他见面，马克林将自己的福特车送给了他，并说："我们公司对（员工的）勇敢和坚毅（grit）有着很高的要求……但你远超了这些要求！"[1] 拉梅以卡尔的名字设立的众筹捐款截至 2019 年 3 月已超过 9 万美元。

第二则故事发生在美国俄亥俄州的克利夫兰市，约翰的全名叫约翰·洛克菲勒（John D. Rockefeller）。1855 年 9 月 26 日，16 岁的约翰找到了有生以来的第一份全职工作。在他的余生，他将 9 月 26 日称为"工作日"（job day），并将这一天当成比生日还重要的日子来庆祝。即使在年迈时，他在回忆那戏剧性的一刻时还是很激动："我所有的未来似乎都取决于那一天。每当我问自己这个问题

1885 年的洛克菲勒，
来自 wikipedia

---

1 原话是："We set a really high bar for heart and grit and... you just blew it away"。来源：https://www.washingtonpost.com/news/inspired-life/wp/2018/07/18/an-alabama-man-walked-almost-20-miles-to-his-new-job-when-his-boss-found-out-he-gave-him-a-car/?noredirect=on&utm_term=.507675ff6256。

时，我都不禁战栗：'如果当时我没有得到这份工作会怎么样？'"[1]

我们知道约翰·洛克菲勒后来成为历史上首位个人财富超过10亿美元的超级富豪。1937年他去世时，他的财富为14亿美元，而当时的美国国民生产总值（GDP）只有920亿美元。如果按照个人财富相对美国GDP的比值来看，他是当之无愧的近代第一富豪。

我们不知道卡尔的未来会怎么样，他还年轻，但可以做个预测：一位勇敢而坚毅的人的未来不会太差。

谁能挺过西点军校野兽兵营的训练

每年大约有1.4万名美国高二学生会申请西点军校，最终只能有1200名被录取。而在这1200人当中，会有20%的人完成不了大学四年的学业。其中相当一部分是在入学后为期七周的强化培训营——"野兽兵营"（Beast Barracks）中就辍学了。

在野兽兵营中，学员的每一天从凌晨5点开始。5点半，所有学员必须组好队参与升国旗仪式；然后进行高强度的锻炼——跑步或健美操；接着是无休止的课堂教学、武器训练和田径运动；最后，晚上10点，熄灯睡觉。在七周的培训中，学员们除了用餐外没有休息时间，更没有周末，他们几乎不能和学校以外的家人和朋友联系。一名学员对野兽兵营是这么描述的："你在各个发展领域都会受到各种各样的挑战——精神上、身体上、军事上和社交

---

[1] Chernow, Ron. Titan: The Life of John D. Rockefeller, Sr. Vintage, 2007.

上。该系统将找到你的弱点，一句话——西点让你更强硬。"[1]

在很长一段时间里，西点军校的招生处一直用"候选人整体得分"（Whole Candidate Score）来衡量每个申请人。这个得分是申请人的美国高考分数（SAT 或 ACT）、在高中阶段的排名、专家针对申请人领导潜力的评估分数和体能测试结果加权平均后得出的。这个候选人整体得分是西点军校招生中最重要的决定因素。但很遗憾的是，它却无法可靠地预测谁将通过野兽兵营的考验。事实上，得分最高的学员与得分最低的学员辍学的概率并没有差别。为什么？

与成功息息相关的品质：坚毅

什么因素能够有效预测某学员能否顺利通过野兽兵营的考验呢？不是高考成绩，不是高中阶段排名，不是领导潜力，也不是运动能力！统统不是！那是什么？是坚毅！

宾夕法尼亚大学心理学家、麦克阿瑟"天才奖"得主、华裔学者安吉拉·达克沃斯（Angela Duckworth）将坚毅定义为人"对长期目标的坚持和热爱"（perseverance and passion for long-term goals）。坚毅是激情、

安吉拉·达克沃斯，
来自达克沃斯个人网站

---

1 Duckworth, Angela, and Angela Duckworth. Grit: The power of passion and perseverance. Vol. 234. New York, NY: Scribner, 2016.

韧性、决心和专注的独特组合，是即使可能面对多年（可能是几十年）的不适、拒绝和进步缓慢，仍能保持纪律性和积极乐观的态度，坚持自己最终目标的品格。

无数研究显示，那些聪明、善良、才华横溢、来自稳定且充满爱的家庭的人，如果不知道如何努力工作，不知道坚持自己的目标，不知道即使面对挣扎和失败也要坚持不懈，通常都不会很成功。

毕业于哈佛和牛津的达克沃斯，和绝大多数名校毕业的牛人一样选择了在一家顶级公司工作。她选择了全球管理咨询公司麦肯锡。没干多久，她就做了一个只有最牛之人才敢做的决定——辞职跳槽到一家公立中学当数学老师。

第一次考试过后，她就惊讶地发现最有数学天赋的学生中有一些人的成绩要低于平均水平。相比之下，最初挣扎的几个学生则表现得比她预期的要好。这些"超级成就者"（overachievers）每天在课前都认真准备，上课时他们不开小差，而是记笔记并提问，如果他们第一次没有理解，他们会一次又一次地尝试，有时在午餐期间或下午选修期间寻求额外的帮助。他们的努力体现在了他们的考试成绩中。显然，天赋并不能保证成就。

在接下来几年的教学中，达克沃斯越来越不相信能否成为人才是命中注定的，越来越觉得人生回报取决于努力程度。为了探究成才的真谛，她离开中学去宾夕法尼亚大学攻读心理学博士，并最终因对"坚毅"的研究成了世界知名的心理学家。

作为一个在高校教书超过十年的老师，我对达克沃斯担任中学数学老师时的迷惑深有同感。我所在的新泽西理工大学有一个"荣誉学院"（Honors College）。荣誉学院有点像国内大学的"试点班""强化班"，招收的学生都是各个高中的尖子学生。这些学生在高中阶段的平均成绩为 3.9 分（正常情况下满分为 4 分），平均 SAT 成绩为 1475 分（满分为 1600 分）。学校为绝大多数荣誉学院的学生提供各种奖学金，并为他们提供专人管理的单独宿舍楼。可以说这些学生是校园里最聪明、最受特别照顾的学生。通常我的本科金融课程班上会有 2 ~ 5 个荣誉学院的学生。按照学校要求，除了正常的课程安排外，我还要给这些学生"开小灶"。我通常会给他们一些小的研究课题。每个学期结束后我都发现，总有个别荣誉学院的学生成绩低于预期。相反，总有两三个普通学生表现很出色，甚至可以和最好的荣誉学生相媲美。金融是商学院里对数学要求较高的课程。这些出众的普通生往往数学功底并不算强，但他们很用功，不懂就问，一直到将概念和问题搞懂为止。

在达克沃斯的理论框架中，对目标坚持不懈的努力（perseverance）要比天赋重要。因为努力的作用是双重的。一方面，努力能够培养技能；另一方面，努力还能使技能更富有成效。

坚毅中的激情（passion）指的是以一种持久的、忠诚的、稳定的方式关心同一个最终目标。它是我们的人生指南针，它需要我们花时间去建立、修补，然后引导我们走上漫长而曲折的道路，最终到达我们想要到达的地方。

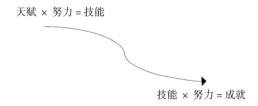

天赋 × 努力 = 技能

技能 × 努力 = 成就

达克沃斯和其他研究者的研究发现，相比智商或天赋，坚毅能够更好地预测人们的未来收入和幸福程度。坚毅水平不但能更准确地预测哪些西点军校学员能顺利通过野兽兵营的考验，还能预测哪些孩子能在拼字比赛中获奖，哪些人更能成为出色的推销员……

一个人越坚毅，就越能享受健康的情感生活，越能乐观地看待事物，越有动力去寻求有意义的、以服务他人为中心的人生。坚毅的中学生，其学业水平会更好，毕业后，更有可能进入并坚持读完大学。

你也许会问，坚毅和孩子的财商有什么关系？提高财商、做好人生财富规划和做好任何事情一样：必须有坚持努力工作、储蓄和节俭的坚毅。

为约翰·洛克菲勒撰写传记的作家切尔诺认为："在许多方面，约翰和许多其他男孩没有什么区别，没什么突出的。他学得很慢，但很有耐心，坚持不懈。"洛克菲勒自己认为："我不是一个轻易（就能学好）的学生，我必须努力做足功课。"他准确地描述自己是"可靠的"，但不是"聪明的"。曾经做过洛克菲勒三兄弟家庭辅导老师的苏珊·拉蒙特是这么评价他的："我不记得约翰擅长什么。我只记得他每件事都很努力，不多说话，而且勤奋学习。"[1]

"股神"巴菲特毫无疑问也是坚毅之人。当被问及如何在投资上变得更聪明时，巴菲特拿起一叠材料，说道："我每天都会阅读500页的材料。知识就是这样积累起来的，就像复利一样。"巴菲特的导师、有"华尔街教父"之称的本·格雷厄姆曾经指出："如果你认为价值投资方法本身是合理的，那么就要致力于坚守原则。坚持下去，不要被华尔街的时尚、幻想及无休止地追逐快钱所误导。我要强调的是，成为一名成功的价值分析师并不需要天才。

---

1 书中有关洛克菲勒的例子主要来自美国国家图书奖作者切尔诺（Ron Chernow）的权威洛克菲勒传记《工商臣子：约翰·戴维斯·洛克菲勒传》（*Titan The life of John D.Rockefeller*）。

它需要的是：首先，不错的智力；其次，健全的操作原则；最后，也是最重要的，坚定的品格。"

说到坚定的品格，我不得不讲一下鲁迪的故事。

品格与性格

美国黑人解放运动和民权运动的领袖马丁·路德·金在其永留史册的演讲《我有一个梦想》中疾呼："我有一个梦想：我的4个幼小的孩子总有一天会生活在这样的国度里：鉴定他们的标准不是肤色，而是品格。"

何为品格？

在全球畅销书《高效能人士的七个习惯》中，已故作者史蒂芬·柯维这么讨论品格及其"表亲"——性格。在历史上很长一段时间内，人们认为成功的基石是好的品格——正直、善良、谦虚、忠诚、勇气、正义、耐心、勤劳等。品格教导人们有效生活是有基本原则的，只有学习并将这些原则融入自己的基本品格中去，人们才能体验到真正的成功和持久的幸福。但第一次世界大战之后，人们对成功品格的理解转向了好性格（personality）——外向、有趣、有活力、乐观、高超的社交技巧等。

人的性格经过很短的接触就能了解一二，但对某人品格的了解可能需要较长时间，或因某个突发事件的出现才能有所了解。我们常常将品格和性格混淆，认为外向、自信和有趣的人就是诚实、有道德、友善的人。但事实上决定一个人成败的主要特质是品格，性格是次要的。

达克沃斯将品格分为三个维度：内在品格、人际间品格和智力品格。

内在品格包括坚毅和自我控制，往往与抵制诱惑有关。这意味着坚毅的人倾向于自我控制。总体来说，内在品格有助于个人价值和目标的实现，也被称为"自我管理技能"。

人际间品格包括感激、社会智慧和对愤怒等情绪的自我控制。这些美德帮助我们与他人相处，并为他人提供帮助。有时，这些美德被称为"道德品质"。当我们赞美某人是一个非常好的人时，我们所考虑的就是人际间品格。

亿万富翁、已故的老乔恩·亨茨曼（Jon Huntsman）将自己的化工公司从零开始发展成为一家价值120亿美元的企业，他将自身的成功归因于正直。他在畅销书《成为事业与生活的双重赢家》中写道，不成功者、暂时成功者和成功者之间的区别在于品格。

在奥斯卡获奖影片《闻香识女人》中，阿尔·帕西诺饰演了双目失明的史法兰中校。中学生查理无意中目睹了几个学生对校长恶作剧的过程，被校长威胁说出主谋，否则将被勒令退学。面对校长的威胁，查理坚持没有说出主谋。史法兰中校为查理进行了慷慨激昂的辩护，他是这么说的：

人类的缔造者，领袖的创造者，小心你们在这里会培养出什么样的领导者。

我不知道查理今天在这里的沉默是对还是错；我不是法官或陪审团。但我可以告诉你：他不会出卖任何人……以换取他的未来！

这，我的朋友们，叫作诚信。

这，叫作勇气。

这才铸就了（真正的）领导者。

我曾多次站在人生的十字路口。

我一直都知道正确的道路是什么。

毫无例外，我知道（正确的道路是什么），但我从未选择过它。你知道为什么？

因为它太难了。

现在这是查理。他站在了十字路口。

他选择了一条道路。

这是一条由原则构成的道路……这造就了高尚的品格。

让他继续他的旅程。

委员会（的委员们），这个男孩的未来掌握在你们手中。

相信我，这是一个有价值的未来。

不要破坏它，而要保护它，接受它。

有一天，我向你保证，他会让你感到骄傲。

智力品格包括好奇心和热诚等美德。这些品格鼓励人们积极开放地吸纳各种想法和见解。达克沃斯的研究表明：对于学业成绩，包括坚毅在内的内在品格是最具预测性的；但对于能否发挥积极的社会功能，包括你会拥有多少朋友，人际间品格更重要；对于能否养成积极、独立的学习态度，智力品格的重要性则胜过其他。

沃伦·巴菲特在弗吉尼亚大学做演讲时，曾抛给台下的听众一个问题："假设你可以挑选班上任何一个同学，得到他未来收入的 10%，你有 24 小时做决定，你脑子里会想什么？"你可能不会选班上成绩最好的人，而会选一位正直、诚实、慷慨，愿意做更多事情的人。"如果你必须做空[1]你的一位同学，并且无论该

---

1 做空是金融学术语。用在股票上时，做空表示当投资人预期某股票价格会走低，但他并不拥有该股票，他可以借票在市场上卖出，过了一段时间后，投资人从市场上买回该股票，并将股票还给出借方。如果在卖出和买回时间股票价格下降了，投资人会赚钱（扣除各种费用），反之，会亏钱。

同学未来做什么，你都需要支付 10% 的费用，那你会选择哪位同学？"巴菲特接着问。你很可能不会选择成绩最差的同学，你会选择品格差的同学做空。"我们在雇人的时候会看三个方面：智慧（intelligence）、主动性或活力（initiative/energy）和是否正直（integrity）。"巴菲特接着说。如果没有后者，前两个会杀了你。因为如果你招到一个不正直的人，你会希望他是懒惰和愚蠢的。你不想让他有一丝活力，因此，正直是最关键的。

品格与财富有什么关系

我不是研究品格的专家，这本书的重点也不在品格。这本书讲的是如何培养孩子的财商，帮助他们为今后家庭和事业的发展夯实牢固的财富基础。但我为何要在第一章讲包括坚毅在内的品格呢？

首先，各行各业成功之人往往在财富积累方面也是成功的。内在品格是绝大多数人成功的必要条件，而人际间品格是获得内心持久幸福和宁静的关键要素。

在 1873 年欧美金融危机期间，铁路和钢铁大王卡内基让金融大亨约翰·皮尔庞特·摩根（John Pierpont Morgan Sr.）将他在一个铁路工程上的投资卖掉，卖了 1 万美元。卡内基本来在摩根那里就有 5 万美元。当他到摩根那里要他的 6 万美元时，摩根给了他 7 万美元。摩根说他们低估了账户金额，坚持要求卡内基收下额外的 1 万美元。卡内基不想收下。"你可以将这 1 万美元看成我的祝福吗？"卡内基问摩根。"不行，感谢你！"摩根回答道，"我不能这么做。"从那之后，卡内基决定未来他绝不会做任何伤害摩根的事情。[1]

1873 年的 1 万美元相当于 2020 年的 21.66 万美元。[2] 我想摩根这么做一定是遵循他做人做生意的准则，这是为了内心的宁静，这是他品格的具体体现。这种大度、坚持，为他赢得了卡内基这样的超级大客户一辈子的忠诚（忠诚并不代表没有矛盾，事实上卡内基和摩根之间经常有矛盾），推动了摩根家族事业的发展。卡内基和摩根都是人类历史上鼎鼎有名的财富大赢家。对于我们多数人来说，个人财富主要来自自己的事业。如果事业上发展了、成功了，良好的财商能够使得生活更加安心与美满。

其次，良好财商的培养离不开对科学投资、消费原则和勤俭习惯的坚持，也离不开高尚的品格。

查理·芒格在总结他和巴菲特成功的原因时指出两个关键因素："第一，我们赚钱，靠的是记住浅显的，而不是掌握深奥的。我们从来不去试图成为非常聪明的人，而是持续地试图别变成蠢货，久而久之，我们这种人便能获得非常大的优势。第二，我们并不自称是道德高尚的人，但至少有很多即便合法的事情，也是我们不屑去做的。目前美国有种文化认为，所有不会把你送进监狱的事情都是可以做的事情。我们认为，在你应该做的事情和就算你做了也不会受到法律制裁的事情之间应该有一条巨大的鸿沟。我想你应该远离那条线。我觉得我们不应该由此而得到太多的赞誉。这样做事的原则帮我们赚到了更多的钱。我相信就算这种经营方式没有给我们赚这么多钱，我们也不会做坏事。但更多的时候，我们由于做正确的事情而赚到了更多的钱。"

---

1 Chernow, Ron. The house of Morgan: An American banking dynasty and the rise of modern finance. Grove/Atlantic, Inc., 2010.
2 Why a dollar today is worth only 5% of a dollar in 1873. 来源：https://www.in2013dollars. com/us/inflation/1873。资料收集日期：2020 年 9 月 25 日。

最后，人生是场马拉松。世上万事万物都有自己运行的时间表。在美国，西红柿通常是在未成熟、还是完全绿色的情况下被采摘的，这样它们在运到超市时不会碰伤、腐烂。在出售前，这些绿色的西红柿会被喷上乙烯气体，乙烯会使得西红柿在短时间内变红。催红的西红柿可以食用，但它们的味道无法与成熟果实的味道相提并论。

孩子需要多年才能长大成人。财商的学习和培养，与身体、精神上的成长一样，是需要时间的，不是靠突击看两本理财书或上个短期夏令营就能获得的。新的投资机会、新的消费习惯和方式、新的财务骗局不断涌现。从小开始、从生活的点滴开始有意识地培养孩子的财商，是为了让他们在追逐自己人生理想的时候可以全力拼搏，至少在财务上不至于犯大错。如果不具备坚持原则和习惯的坚毅，如果没有高尚的品格做后盾，人很容易迷失，钱财也能转眼间灰飞烟灭！

梦想清单

下表是达克沃斯在《坚毅》这本书中用来测试个人坚毅得分的表。表中一共有 10 道题目，每道题目的得分最高为 5，最低为 1。个人的坚毅得分等于 10 道题目的总得分除以 10。坚毅中"坚持不懈的努力"（perseverance）部分的得分等于 5 道偶数题目的总得分除以 5；"热情"（passion）部分的得分等于 5 道奇数题目的总得分除以 5。

请父母做以下几件事：

1. 先自己测试一下自己的坚毅得分。

2. 让孩子自己测试坚毅得分。

3. 父母根据自己对孩子的了解，为孩子的坚毅打分。将此得分和孩子自己测试的得分对比，分析不同之处。

4. 如果父母对自己及孩子的坚毅得分不满意，请拟定一个切实可行的计划以提升自己和孩子的坚毅水平。建议：第一步可以从阅读《坚毅》这本书开始。

	根本不像我	不太像我	有点像我	像我	非常像我
1. 新的想法和项目有时会分散我对以前的想法和项目的注意力	5	4	3	2	1
2. 挫折不会使我泄气，我不轻易放弃	1	2	3	4	5
3. 我经常设定一个目标，但后来却选择了另一个目标	5	4	3	2	1
4. 我是个努力的工作者	1	2	3	4	5
5. 我很难集中精力完成几个月以上的项目	5	4	3	2	1
6. 我有始有终	1	2	3	4	5
7. 每年我的兴趣都会改变	5	4	3	2	1
8. 我勤奋，我从不放弃	1	2	3	4	5
9. 我曾经迷上了某个想法或项目，但后来很快就失去了兴趣	5	4	3	2	1
10. 我曾经克服过挫折，战胜过一个重要的挑战	1	2	3	4	5

第二章

和孩子谈钱

何时开始和孩子谈钱

很多家长不太愿意和孩子，特别是和年幼的孩子谈钱，觉得谈钱会"腐蚀"孩子幼小的心灵。其实，谈钱并不是让孩子去追逐金钱，而是让孩子明白，管理好钱财将会有助于实现自己的人生目标。只要孩子开始理解钱可以用来买东西，我们就应该引导他们养成良好的使用金钱的习惯。

Keith Chen，照片来自 Keith Chen 的个人网站

2～3岁的小孩如果指点得当就应该懂得钱是交换的工具，应该理解借/还、交换（你给我一块饼干，我让你玩我的玩具）这些概念。别惊讶，加州大学洛杉矶分校的一位华裔经济学家 Keith Chen 用银币调教7只僧帽猴，发现这些猴子能够理性地对一些简单的激励做出反应。它们会偷银币，知道用银币去交换食物，甚至在一些场合用于性交易。僧帽猴的脑容

量较小，智商应远不如 2~3 岁的小孩。

家长要尽可能早地和孩子谈钱，从 2~3 岁开始就应该向其逐渐灌输正确的财务理念和基本的理财知识。剑桥大学的戴维·怀特布莱德（David Whitebread）认为："影响儿童处理包括财务问题在内的复杂问题和决策方式的'心理习惯'，在很大程度上形成于他们生命的最初几年。"[1]幼童在观察成人及和成人互动中获得早期有关金钱的认识和经验。如果孩子在家长的指引下能够早早地学会提前计划，多反思，知道调节情绪等，将会为孩子今后一生的"财商"奠定坚实的基础。

这个话题适合吗

我们在和孩子谈钱的时候，要注意不同年龄段的孩子对金钱的理解能力是不一样的。家长在培育孩子基本财务知识和技能的时候要做到适龄。

4~6 岁的小孩应该明白有借有还，明白机会成本的概念——在回家的路上花 5 块钱用来买巧克力，不如回家吃巧克力，并将这 5 块钱放在自己的存钱罐里面。在我家附近有家美国最大的连锁会员制批发商店好市多（COSTCO）。我们一家都非常喜欢去好市多。我们大人去是因为好市多的日常用品物美价廉，孩子们更多地是想吃好市多的热狗和比萨。有一次临近中午，我带着 4 岁的女儿去好市多买菜，太太和儿子在家做饭。在我排队付款的时

---

1 Oxlade, Andrew, Money Habits are "Formed by age seven", May 23, 2013. https://www. telegraph.co.uk/finance/personalfinance/10075722/Money-habits-are-formed-by-age-seven.html.

候，女儿眼巴巴地看着我，问我能不能买比萨吃。我说："妈妈和哥哥在家等我们吃饭呢！你现在吃了比萨，回家就吃不下饭了，而且对哥哥也不公平。""不嘛！我很饿了！我们可以买两块比萨，给哥哥带一块。"我想了想，对女儿说："这样吧，如果你坚持要买，我可以帮你买。但如果你不买，我们回家吃饭，我可以给你2美元。你将这2美元存在你的钱罐里，以后可以买你喜欢的玩具。"女儿歪着脑袋想了一会儿，最后决定不吃比萨，回家吃饭。

4~6岁的孩子还应该明白等待的价值——在买我们想要的东西（如新的汽车玩具）之前，有时必须等待。斯坦福心理学教授沃尔特·米歇尔（Walter Mischel）大约在半个世纪前做了一系列关于延迟满足的研究，被称为"斯坦福棉花糖实验"。在实验中，4~6岁的孩子被告知有两个选择：如果能够等待15分钟，就可以吃两块棉花糖；如果等不到15分钟就只能吃到一块糖。小部分孩子等都不等直接吃了一块。在选择等待的孩子中，只有1/3等了15分钟拿到了第二块糖。后续对这些孩子的跟踪研究发现，那些等待时间足够长的孩子长大后往往生活得更好：有更高的SAT成绩、更高的受教育水平、更好的体重指数等。

7~10岁的小孩应该了解除了工资，还有哪些收入来源（理财、买房子等）；还应懂得金钱的时间价值，即今天拿到100元要好于一年后才能拿到100元。为什么？因为有利息。

小学生应该懂得货比三家。我们需要教会孩子成为一个精明的顾客。家长可以时常带着孩子去购物，向孩子解释为何今天会买打折的酸奶，而不买另外一个牌子的酸奶。家长应该让孩子知道，很多情况下，同样的东西便利店的价格要比大型超市的价格更贵；在网上购买的东西要比实体店更便宜；买得多时单价要比买得少时单价更低。让他们清楚每逢重大节日和"双11"，商家很可能会有打折促销。让他们理解电视上、马路边、地铁里各式广告的目的和用途，明白商家是如何利用广告来诱导人们消费的。

中学生应该理解复利的力量、通货膨胀是怎么回事及分散投资风险的重要性。中学生还应该理解银行卡和信用卡的区别，当地政府有哪些政策措施来帮助失业人员、低收入人群、残疾人和老年人，哪些资产是可以增值的，哪些肯定是会贬值的，如所有汽车一旦开出 4S 店就一定会贬值不少，2~3 年内贬值 40% 很正常。他们要明白一些消费不是一次性的：车子无论新旧都需要花钱保养、买保险；房子大虽然好，但维护费用、水电燃气费、物业管理费等都会上升。

"分享储蓄消费有限公司"（Share Save Spend LLC）的创始人 Nathan Dungan 鼓励家庭做多种适合不同年龄段孩子的小实验[1]。对于小学生来说，这可能是每周 20 元的零花钱。孩子年龄越大，给予孩子的财务决策空间就越大。关键是在较长时间里为孩子提供多种机会进行财务决策，这将有助于他们建立信心和提升能力。让孩子在家长的指导下，在受控的环境里学习—犯错—再学习，这要比他们离开家长上大学、进入社会后再犯错要好得多。

抓住可教时刻

帮助孩子了解一些基本的金融知识，最佳的方式是经常和孩子进行交流，但不要填鸭式灌输，要寻找 "teachable moment"（可教时刻）。如果孩子看到家长或其他人做出某个财务决策，家长

---

1 Dagher, Veronica, What's the Best Way to Teach Financial Skills to Children? Feb 28, 2016, *the Wall Street Journal*.

就应该不失时机地问孩子是否认为这是正确的决策，是否有别的方案。

例如，处理孩子的压岁钱是个很好的"可教时刻"，家长可以和孩子一同商量如何合理处理压岁钱。家长可以推荐各种处理方式，让孩子分析不同处理方式的利弊。最后家长和孩子共同决定如何处理。如果孩子还很小，家长的意见可以起主导作用。如果孩子已经是中学生了，家长要更多地尊重孩子的想法。其他可教时刻包括：家长网上购物的时候可以让孩子站在边上；投资股票的时候可以挑几只股票让较大的孩子研究；购买保险产品的时候，可以告诉孩子家庭为何需要保险，等等。

家长在和孩子交流时，要尽可能地用身边的小故事或者典故。比如，在谈到如何激励他人，少花钱甚至不花钱做成事的时候，我总会讲述美国钢铁大王安德鲁·卡内基的故事。卡内基小的时候，他爸爸给了他两只兔子。后来这两只兔子生了一窝小兔子。为了不让家里的花园遭殃，卡内基的妈妈告诉他如果他想留住这些小兔子，就必须自己喂养它们。聪明的卡内基想出了一个绝妙的主意。他对他的一帮小伙伴说，你们都可以给一只小兔子取自己喜欢的名字，但你们要为自己命名的兔子定期提供饲料——三叶草和蒲公英。孩子们都喜欢小动物，于是纷纷答应。一个有关动物的真实小故事要远比家长直接说教更能让孩子印象深刻。

用数字说话

当我们使用具体数字的时候，孩子们能够更好地领会金钱的概念。我的儿子 7 岁前经常忘记关灯，虽然我总是提醒他记得关灯，不要浪费，但他总是忘记。反思了一段时间后，我觉得是我的教导有问题。这么大的孩子可能根本不理解"浪费"的含义，或者即使理解浪费的含义，也可能不清楚浪费的后果。

于是有一天，我将他拉到我的电脑前，当着他的面打开了每个月的电气账单，告诉他："你看，我们上个月在电和天然气上花费了 350 美元。如果我们能够稍微节约一些，大家都做到人走灯熄，也许每个月我们可以节省 30 美元。你中午在学校吃一顿饭才 2.75 美元，买个小玩具才 2 ~ 3 美元。如果我们真能节约 30 美元，你能多吃多少顿饭啊？能买多少小玩具啊？"通过具体数字，并将数字联系到他能理解的开销——学校午餐和小玩具上，儿子终于明白"浪费"的含义和后果了。在这之后虽然他还会偶尔忘记关灯，但绝大多数情况下都记得及时关灯，做到不浪费。

财商教育是父母双方的事

和孩子谈钱不是父亲或母亲一个人的事情，家庭中的每个成员都应积极参与孩子的财商教育。在关键问题上，家长要保持一致。比如，在对孩子教育的投资上，要让孩子明白投资教育是一生中最重要的投资。在小问题上，家长之间可以有不同意见，但要向孩子解释清楚为何有不同的观点，鼓励孩子参与家庭讨论，并自己做出评判，比如，全家在国庆节是花 5000 元去旅行还是购置一张新餐桌。如果家长一方不能即刻回答孩子的问题或要求，完全可以和孩子说："孩子，你让我思考一下。等你爸爸（妈妈）回来，我会和他（她）商量。然后给你一个答复。"比如，孩子要参加期末老师组织的诗歌朗诵节目，老师要求参加的学生都必须购买一套价格不菲的汉服。你觉得为了一个几分钟的节目特地购置一套服装未必值得，但你一时拿不定主意。这时候，你就可以明确地告诉孩子，爸爸妈妈需要商量一下。商量好后，无论是否购买，都需要向孩子解释清楚这么做的道理。

"这不公平"

成人爱比，孩子也爱比。我儿子最常说的一句话就是"it's not fair！"（这不公平！）为什么瑞曼有自己的 iPad，而我没有？为什么查尔斯周六晚上可以看电影，而我不能？诸如此类。

作为家长，我们首先自己要做到尽可能不要和别人在财务上相比较。不要和亲戚朋友比，不要和同事邻居比。比来比去只会使自己不开心。是买别墅还是租公寓，是开奔驰还是桑塔纳，是用爱马仕还是马仕爱都是个人在自身承受能力基础上的选择。如果我们想防止孩子过分攀比，就得从自身做起。

有些事可以不谈、不做

首先，不能在家里凡事都谈钱。很多情况下，家长最好不要和孩子说："你做好作业，或清理好自己的房间，就给你 1 块钱。"要让孩子们意识到，做好作业是为了巩固知识，而做力所能及的家务是每个家庭成员的责任。家长要学会将金钱激励和非金钱激励结合使用，在家里不能凡事都想用金钱来解决。

几年前，麦肯锡在全球调查了若干行业的 1047 位高管、经理和员工。他们发现被调查者认为非金钱激励——顶头上司的夸奖、领导的关注和有机会负责一个项目，要比包括现金分红、加薪（基本工资）和股票或股票期权在内的金钱激励更加有效。被调查者认为这些非金钱的激励让员工们感觉到公司很看重他们，认真对待他们的福利，并努力为他们创造职业成长的机会。

对于孩子来讲，类似的非金钱激励也很重要，很多时候也很管用。适时的夸奖、以朋友的方式进行平等的对话、让孩子负责家里的一个小项目（如重新安排家里家具的摆放）对于孩子健康成长非常重要。

其次，家长在灌输投资理念的时候，不需要告诉孩子你赚多少钱，你的股票账户里有多少钱，甚至也不要说家里有几套房子。但家长完全可以给孩子一个基本概念。例如，你可以告诉孩子中国城市居民人均收入是多少，我们家的收入是高于平均还是低于平均。你还可以告诉孩子中国城市家庭户均总资产是多少，并趁机和孩子探讨资产和收入的不同。孩子也不需要知道父母哪一方赚得多，因为这样会给孩子一个错误的信号——赚钱多的一方对家庭的贡献更大。如果父母有一方全职在家照顾孩子，另一方在外工作，父母需要让孩子们明白在家养育子女是项无比重要和光荣的工作，在外工作的很辛苦，在家陪孩子的同样辛苦，父母所做的一切都是为了这个家的幸福。

再次，家长不要告诉孩子在某些事情上的花费。例如，有些家长为了提醒孩子自己的付出，会告诉孩子家里在补习课上或兴趣班上花了多少钱，这是很不明智的。现在的补习班动辄几百元甚至上千元一次课，家长花钱让孩子学习是为了孩子能够在专业老师的指导下有所进步。但如果孩子知道父母给了指导老师多少钱，有可能会产生"我爸给你这么多钱，我为啥要听你的"的抵触情绪，或产生对家长付出的愧疚感。无论是抵触情绪还是愧疚感都不利于孩子好好学习。

最后，永远不要在孩子面前因金钱而吵架，这可能会导致孩子在今后考虑金钱问题时产生焦虑和不安全感。

理解自身行为对孩子的影响

家长在和孩子谈钱的时候应该清楚地认识到，他们的投资行为和表率作用可能会对其子女今后的投资行为产生深远影响。如果家长持有较高风险的金融资产组合，子女长大后也往往偏向于持有较高风险的金融资产组合。在美国，研究发现[1]如果父母在1984年的时候拥有股票，子女自己在1999年拥有股票的比例要比父母在1984年没有股票的子女高16%。

四位学者[2]收集了1950年至1980年在瑞典出生的被收养者、其亲生父母及养父母的不同投资组合数据。他们发现虽然亲生父母和养父母的风险投资行为对子女的风险投资行为都有显著影响，但子女实际成长环境对孩子风险投资行为的影响更大（实际家庭环境对投资风险偏好和行为的影响超过基因）。

这意味着什么？这意味着如果父母在股灾或者金融危机期间"一朝被蛇咬，十年怕井绳"，发誓再也不进行股票或其他高风险金融资产投资，他们可能会对孩子今后的投资行为有不良影响。孩子可能会吸取一个很糟糕的教训——当市场下跌时他们可能会

---

1 Charles, K. K., & Hurst, E. (2003). The Correlation of Wealth across Generations. Journal of Political Economy, 111(6).
2 Black, Sandra E., Paul J. Devereux, Petter Lundborg, and Kaveh Majlesi. On the origins of risk-taking. No. w21332. National Bureau of Economic Research, 2015.

极度恐慌。反之，如果父母能在危机前保持冷静思考，不随大溜，也许孩子们在未来自己做投资决策时会效仿之。

梦想清单

请在未来一个礼拜中，通过三种不同的渠道或方式和孩子探讨金钱的概念。父母都要参与，不能总是一方和孩子谈钱。父母需要根据孩子的年纪和特点来设计沟通方式，切忌灌输式的教育。建议父母可以考虑做下面列举的一些事情：

- 父母不提示，先让孩子自己说钱有什么用。
- 问孩子最想要什么，以及如果靠他自己，他打算如何获得想要的东西。
- 指着家里常见的物品，如电视、手机、筷子、台灯等，问孩子愿意用多少钱买。（我曾拿出一个儿子用小橡皮圈做的手链问邻居上三年级的孩子，她愿意用多少钱买，她的回答是100美元！）
- 带着孩子购物，一次用现金支付，一次用信用卡支付，一次用支付宝或微信支付。在支付的时候要和孩子解释每种支付方式的特点。
- 将家里水电账单、手机账单拿出来详细地和孩子说明每一项是什么，最好能够和上个月或去年同期的账单进行对比。对于手机账单，可以比较不同套餐，让孩子明白得到任何东西都是有代价的（提供的流量越大，支付的费用越高）。
- 在股市交易时间将自己的股票账户打开，让孩子看到股价的时刻变动及账户里资金余额的变动。对于较大的孩子，家长还可以解释一下为何买这只股票。

- 带孩子到医院的付费处站上 10 分钟，然后和孩子谈谈应急资金。

- 找一份工资单（不要用自己的），为孩子介绍工资单上每一项是什么，为什么要交税，什么是养老保险。

- 在超市里让孩子找一件自己喜欢的物品，但不要买，帮助孩子记下该物品的细节（牌子、款式、价格等），然后回家在网上购物平台中搜索该物品，比较价格、服务等。

第三章

财富来自努力工作

努力工作的人最开心

社会学家李银河在一篇名为《赢在起跑线上也不一定能成功》的文章中对过 18 岁生日的儿子壮壮说："希望你的生活既成功又快乐，但是万一不成功，一事无成，我也希望你是快乐的。如果你的人生是成功的，那么就'人生得意须尽欢，莫使金樽空对月'；如果你的人生不成功，那么就'人生在世不称意，明朝散发弄扁舟'。希望你珍爱自己的生命，做一个优雅而可爱的人，拥有一个快乐的人生。"

相信如若问天下父母对孩子的最大愿望是什么，多数开明的父母都会同意李银河的看法，希望孩子无论今后干什么，都要"拥有一个快乐的人生。"

但如何才能拥有快乐的人生？

无数实践和研究告诉我们，拥有快乐人生的关键是努力工作，实现人生目标，并享受努力所带来的成就感和满足感。我们教导孩子干活儿、工作并不是为了让孩子们成为"童工"，好让我们自己可以"葛优躺"在沙发上多看点电视，少干点活儿，而是为了培养他们的进取心、纪律性和创新性，让他们从做好工作中获得自信和尊严，让他们从小就明白财富来自努力工作。这样当展翅高飞的时刻来临时，他们才能有过硬的翅膀和品格直冲云霄。

父母帮助孩子从小理解并建立"工作—金钱"的联系至关重要。只要孩子明白买东西需要钱，而钱不是从天上掉下来的，父母就可以开始引导他们人必须工作才能赚钱。父母所能做的最糟糕的事情之一就是成为孩子的"自动取款机"——无论孩子要什么，是 20 元的奶茶，还是新款的运动鞋，还是 5000 元的平板电脑，只要自己担负得起，就去满足孩子的要求。孩子可以购买他们想要但并非必需的东西，但孩子必须努力工作，用自己的劳动来获得购买东西所需的金钱（至少是部分金钱）。鼓励孩子发现工作所带来的尊严和自己赚钱的乐趣，这样当孩子自己掏钱买自己喜欢的玩具或衣服时，他们会觉得这是个了不起的成就，而不是作为小公主、小王子的特权。

比从家务劳动和工作中赚钱更为重要的是，孩子会从中慢慢学习到优良的职业操守——守时，尊重他人，凡事只要承诺了就要尽力而为，与不同意见和背景的人合作，用正确而不是最便利的方式完成任务。

工作从家务劳动开始

2014 年，百年家电公司惠而浦（Whirlpool）聘请调研机构 Braun 做了一项调研。Braun 对 1001 名美国成年人进行了抽样调查。82% 的成年人说他们小时候会经常做家务；但只有 28% 的人表示他们会让自己的孩子常做家务。我没有搜索到中国关于孩子做家务的调查研究，但我猜测如今经常让孩子做家务的家长肯定不在多数。

现在的家长尽一切可能让孩子将所有时间都花在可以给他们带来"成功"、能写在简历中的事情上：做作业，学外语、绘画、下棋、钢琴、网球、芭蕾，参加演讲比赛、各种补习班等。为了帮孩子节省时间，不让孩子太累，我们往往不让孩子参与任何形式的日常家务劳动，甚至包括拿自己吃饭的碗筷。具有讽刺意味的是，经常参加家务劳动却是影响孩子日后成功的重要因素。过去数十年的科学研究表明，家务劳动对孩子学业上、情感上和职业发展上的好处是毋庸置疑的：家务劳动能帮助孩子建立责任感、独立自主和坚持不懈的精神，这些都是成为有能力的成年人所必须具备的特质。

2002 年，明尼苏达州州立大学的马蒂·罗斯曼教授分析了一项纵向研究的数据，该研究追踪了孩子四个时期的生活——幼儿园阶段、10 岁左右、15 岁左右及 20 多岁。她发现，与那些从不做家务，或从 10 多岁才开始做家务的孩子相比，三四岁便开始做家务的孩子成年后更有可能与家人和朋友建立良好的关系，更有可能获得学业和早期事业的成功并自立。

牢固的家庭关系是人幸福的源泉，帮助家人做家务会促使孩子更加善解人意、关爱他人。当家长支持或默许孩子可以为了做功课或参加补习班而不做力所能及的家务劳动时，我们事实上给孩子发出了一个非常错误的信号——学习成绩和个人成就要比关爱他人、为家庭做贡献更重要！这样的信息在那个时刻可能微不足道，但随着时间的推移，这些错误信号的叠加产生的负面后果是难以估量的。

每天做家务还会帮助孩子学会高效管理时间。当孩子长大、独立生活了，无论工作多忙多累，他们也不得不整理房间、买菜购物。如果他们在小时候就懂得如何在应付繁忙的家庭作业的同时，叠被子、整理自己房间、帮助家人准备晚餐，学会管理自己的时间，那他们成人后的独立生活能力将会极大提升。

做家务，从整理好自己的房间开始

做家务、培养孩子良好的工作习惯，可以从让孩子整理自己的房间开始。3 ~ 5 岁的孩子就应该能将脏衣服放在洗衣篓里，将薄的毯子简单折叠好。上小学的孩子就应该独立整理好自己的床铺，清扫地面。

美国前海军四星上将、击毙拉登行动指挥官威廉·麦克雷文（William McRaven）在 2017 年出版了一本畅销书——《叠被子：海军上将的人生攻坚训练》（*Make Your Bed：Little Thing Can Change Your Life…And Maybe the World*）。

麦克雷文将自己在海豹突击队（SEAL）效力 37 年的"10 大感悟"融入了短短百十来页的书中。《华尔街日报》是这么评价这本书的："每个领导人都应该阅读这本书，它将启发你的子孙成就任何梦想。你应该和你的团队讨论这本书，以实现共享愿景。最重要的是，这是一本会让你热泪盈眶的书。"

海豹突击队是美国海军精英中的精英。要成为一名海豹突击队队员必须先参加 6 个月地狱般的身体和心理训练。75% 的新兵会在第一个月被淘汰。

军人每天起床的第一件任务是整理床铺。军床很简单，钢架床上放了一张床垫，一条羊毛毯紧紧裹着床垫，另外一条毛毯被

麦克雷文将军，
来源：wiripedia。

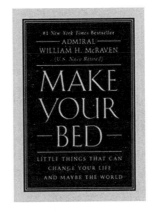

《叠被子：海军上将的人生攻坚训练》
英文原版书封面，来源：亚马逊。

精心折叠成方块放在床脚。放在床头的枕头与裹着床垫的毛毯成90° 相交。每天早晨教官都会严格检查床铺：床单是否有褶皱？床垫四个角处的床单是否成 45° 折叠并包紧床垫？枕头和床单是否成 90° 对齐？最后，教官会拿出一枚 25 美分硬币，抛到床上，看硬币能否弹起来并能用手抓住。

整理床铺是军人们每天睁眼后做的第一项任务，将它做好至关重要。它彰显了个人的纪律性，显示了对细节的关注，并让你的一天有一个美好的开始。最后，一天结束临睡前，当你看着整理得完美的床，你会觉得这是个暗示：我今天做了些值得骄傲的事情，不管这些事情有多小。

这和中国人常说的"一屋不扫何以扫天下"的意思类似。我们未必要每天起床后就打扫卫生，但至少可以整理好自己的床铺，让每一天有个美好的开始和愉悦的结束！这个道理对家长适用，对孩子同样适用。

不同年龄的孩子适合什么"工作"

3~5岁的孩子

对于3~5岁的孩子，家长可以挑选一些孩子力所能及的家务让他们独立去完成，并给予一定的金钱报酬。

适合3~5岁孩子的家务

- 进门将所有人的鞋放好，将自己的衣服挂好（买个适合孩子的矮衣架）。
- 早晨起床，将薄毯子简单折叠好。
- 将脏衣服放在洗衣篓里，帮父母将叠好的干净衣服，按其分类放回衣柜的不同抽屉。
- 将小的垃圾袋扔到室外的垃圾桶里。
- 帮助父母到家里的信箱取信。
- 跟父母在超市买东西时，帮助拎一些小东西。
- 帮助父母择菜叶。
- 吃饭的时候，将碗筷按人摆放好。
- 吃好饭后，将自己的碗筷清洗干净（刚开始洗碗时，父母需要在边上指导：让孩子卷起袖子，要将碗的里外都清洗干净，并要不断提醒孩子不能浪费水。万一孩子打碎了碗，千万不要责备，而是要鼓励、安慰孩子）。
- 浇花（父母可以买一个适合孩子使用的小塑料浇花壶）。
- 定时定量地喂宠物（刚开始时，父母需要给予指导。孩子通常会一下子给出过多食物）。

- 睡觉前，将玩具和儿童书籍捡起来，放回玩具柜里。

我虽然列了很多这个年龄段孩子可以做的事情，但并不是说所有这些事情孩子都要做。家长可以根据孩子和家庭的特点选择几个孩子每天都可以做的家务。我们希望的是完成每一项家务对于孩子来说都是一个重大的成就，而不是让他们感觉家务繁重到不可能完成。

干什么需要给钱

不是做所有家务都要给孩子钱，家长也不应该这么做。在是否给钱让孩子做家务这个问题上，儿童教育学家的观点是不一致的。有些人认为做任何的一般家务都不应该给钱。理由是，这么做可能会让孩子错误地认为做任何事都应该得到金钱的补偿，将金钱看得过重。而且，如果哪天孩子不高兴做了，他们可能会告诉你："哦，我这周一分钱也不想要了。"让孩子做家务需要持之以恒，不能让他们认为只要他们不愿意做就可以选择不做。这类专家建议家长根据孩子的年龄和实际需求定期给津贴，比如，每周20块钱。

另外一些专家认为让孩子做家务应该给钱。因为做家务获得报酬可以让孩子从小理解"工作—金钱"之间的关系。家里的一切能够井井有条地运转不是靠魔法来维持的，必须有人工作挣钱。再者，孩子会额外珍惜自己通过辛勤劳动挣得的钱，家长给的津贴毕竟是家长给的。看着钱慢慢积累起来，用自己的钱买自己心仪的东西，会让孩子明白，如果他们努力工作，他们就能实现自己的目标。

我个人倾向于第二种观点：家长让孩子做家务应该给钱。家长给的津贴是应付孩子正常需求的，但孩子会有自己的特殊需求，这种需求可以通过自己挣钱来满足。我会在"花费：防守赢得冠军"这章详细探讨这个话题。

家长可以根据自己的家庭和孩子的实际情况来决定哪些家务需要给钱，哪些不需要，并根据孩子的年龄、身体能力和成熟度，不断调整家务的内容和报酬的多少。在洛克菲勒家里，孩子打死苍蝇都会有报酬。我们的家长未必要这么做，我们希望孩子从小就明白钱来自劳动，但我们也不能做得过头，让孩子认为在家里无论做什么都要谈钱。我们所有人，无论老少，都应该不计报酬地做很多事情。不为了别的，就因为这些事情是生活的一部分，就因为我们是一家人，本应该相互支持。

在上面提到的一些家务活中，家长可以设定，扔一次垃圾给1元钱，帮择一次菜叶给1元钱，其他大部分的家务活，都不必给钱。等孩子长大些，上小学了，家长可以和孩子商量扔垃圾和择菜叶不再给钱了，但帮忙拖地扫地可以给钱。扫地一次可以给2元钱（将1元钱的劳动换成2元钱的劳动，孩子应该没有意见）。等孩子上了中学，家长可以给孩子更多的钱让孩子做些更复杂的事情，比如洗车、带弟弟妹妹、彻底打扫厕所等。

用现金立刻兑现

如果你决定为某项家务支付报酬，对尚且年幼的孩子，你需要立刻兑现，从而满足孩子对即时满足的渴望。行为经济学家早就发现，许多人对提前支付的激励的反应要比延迟的激励大得多。大人如此，孩子更是如此。如果不立刻兑现，年幼的孩子不会将自己的劳动和奖励自然地联系起来。

家长给孩子支付劳动报酬的时候，必须给现金，如果将钱存在卡里或者支付宝中，激励的效果要大打折扣。让孩子将现金放在看得见的地方，比如透明的存钱罐里，不要将钱放在信封里或者不透明的存钱罐里。视觉的冲击对年幼的孩子很重要，让孩子看着钱因自己的劳动而不断增加能起到很好的激励效果。

激励的载体也未必一定是金钱，对于一些孩子，巧克力、玩具这些也能提供足够的激励，让他们有动力去辛勤劳动。但无论是给钱还是巧克力，家长都要有足够的耐心，并适时地赞扬孩子为完成家务活儿而做出的努力。

比如，孩子帮家长拎东西的时候，经常会将东西掉在地上；帮忙洗碗时，可能会摔坏碗盘；帮忙择菜叶时，经常将好的坏的菜叶一起扔掉。我们不能因此而不让他们尝试，不让他们帮忙。哪怕需要重新买东西，自己重新再择一遍菜，我们也要不断鼓励孩子参与家务劳动。

我们千万不能因为孩子做得不好或者摔坏东西而责备甚至打骂孩子。我至今仍记得小时候因摔碎碗而被爸爸打的事情。那天，我不小心将爸爸特别喜欢的一只很精致的碗摔碎了，他狠狠地扇了我一巴掌，将我的鼻子打出血了。事情过去几十年了，虽然谈不上给我造成了一生的心理阴影，我也从未和爸爸提及过这件事（我估计他早就不记得了），但偶尔想起来，心里还是有点痛——那个碗就这么值钱吗？

鼓励需注意策略

鼓励孩子的时候要注意策略。2014 年，《儿童发展》期刊发布了一份针对 149 名 3 岁至 6 岁儿童进行的研究。[1] 在这项研究中，心理学家克里斯托弗·布莱恩（Christopher J. Bryan）及其合作者发现，如果我们感谢孩子"成为帮手"（being a helper），而不是简单地感谢他们"帮忙"（helping），孩子的投入热情会显著增加。帮助他人的人，这个新的"正面身份"会显著激励孩子去帮助他人。

---

1 Bryan, Christopher J., Allison Master, and Gregory M. Walton. "Helping" versus "being a helper": Invoking the self to increase helping in young children. Child Development 85, no. 5 (2014): 1836-1842.

家长在和孩子谈论家务时要用第一人称——"做我们的家务"，尽量避免用第二人称——"做你的家务"。这样就强调了做家务不仅仅是一种责任，更是一种家人照顾彼此的方式。[1]

家长应尽可能地将做家务时间固定下来。比如，每周一、四晚上扔垃圾，每周五下午放学回来帮择菜叶，每晚吃饭后浇花等。这样久而久之，做家务就成了孩子生活中很自然的一部分。

孩子一旦做完某项家务，家长需要及时检查。孩子如果做得很好，家长要兴奋地告诉孩子："你做得真棒！"这样你会逐渐地培养他们做好工作的自豪感。孩子如果做得不好，你也要鼓励他，告诉他正确的工作方式。我女儿4岁的时候，我第一次让她叠放洗净的衣服。她认真地将不同的衣服放在不同的抽屉里，但是她只是将衣服团在一起放在了抽屉里。我笑着对她说："悦悦，你今天做得很好。知道将上衣放在一个抽屉里，裤子放在另外一个抽屉里。但你可以做得更好，如果你将这些衣服叠好后再放，下次穿的时候既容易拿，衣服也不容易起皱。爸爸和你一起将这些衣服叠好，重新放好好吗？"我女儿很开心地答应了。

带孩子上班一次

3~5岁的孩子未必能真正理解工作是什么，以及爸爸妈妈上班和赚钱之间的联系。《让你的孩子成为金钱天才》（*Make Your Kid A Money Genius*）一书的作者贝丝·科布纳里安（Beth Kobliner）在其书中举了一个非常有趣的例子。她的朋友梅连娜很小的时候一直认为她父亲的工作就是阅读报纸，因为他每天早晨都是夹着一份报纸去上班的（梅连娜爸爸其实是一名中学辅导员）。就在我写这段文字的当日，我陪儿子到社区中心打篮球。打球回来的路

---

1 Wallace, Jennifer Breheny, Why Children Need Chores, The Wall Street Journal, March 13, 2015.

上，儿子不知为何问我"有没有建造过什么东西"，我想来想去，虽然做过家里用的简易三层鞋架，换过马桶，铺设过房子周围的水泥，但还真没有建造过其他什么看得见摸得着的东西。我后来和他说："不是所有人都是建造房子、桌子这些看得见的东西的。爸爸平时的工作是授课、做研究、写文章。建造东西是有意义的工作，授课、做研究、写文章也是有意义的工作。"

虽然我们可以时时告诉孩子工作可以赚钱，赚来的钱可以买面包、衣服、玩具，但如果我们能带孩子到自己工作的地方看看，那孩子就会对工作有更直观深刻的理解。科布纳里安建议，如果可能的话，父母可以带孩子上班一天，或者在周末带孩子到我们的工作场所，向孩子展示我们的办公室／办公桌／工作室。在美国，每年4月的第4个星期四是"带上我们的女儿和儿子去上班日"。这个在1993年就推出的全国性活动，是孩子们体验父母工作环境的绝佳机会。这样的活动可以给孩子们带来很棒的体验，并有助于他们形成对将来想从事什么职业的初步想法。

2019年的"带上我们的女儿和儿子去上班日"是4月26日。这天，我所在的新泽西理工学院有四个部门对孩子们开放：公共安全部、图书馆、生物医学工程系和体育部。在公共安全部，孩子们从校警（我们的校警是真正的警察，都是佩戴枪支的）那里了解到校园安全问题，明白了碰到紧急情况该如何应对；在图书馆，专业的图书管理员教导孩子们如何查询简单的资料；在生物医学工程系，教授和博士研究生们向孩子们演示简单但很酷的生物实验；在体育部，孩子们看到美国优秀的大学篮球运动员是如何汗流浃背地训练的。开放的时间虽然不长，从上午10点到下午2点，但孩子们却一直兴致盎然。他们不但学到了很多书本上没有的东西，而且切身体会到他们父母工作的意义。

6~12 岁的孩子

小学生已经具备较强的判断能力，有些孩子会有明显的"叛逆"行为。引导这个时期的孩子劳动，家长不能以居高临下的姿态，而应以平等的身份和孩子沟通与协商。在制订家务劳动计划时，家长应和孩子一起讨论哪些家务是需要独立完成的，哪些是要和父母一同完成的，哪些是可以获得报酬的，哪些是"为了这个家"而劳动，是没有报酬的。

家长引导的方式方法很关键。我儿子雷雷每天带午餐到学校，但学校不让孩子洗餐具。我要求儿子每天回来的第一件事就是将自己的餐具清洗干净。刚开始时，他总是忘记。我也总是会很生气地告诉他："雷雷，你为什么不洗你的餐具？放到明天早晨岂不是臭啦？赶快去洗！"雷雷虽然听从我的话，但总是气鼓鼓的，很不情愿地去做，然后第二天还是忘记。

后来有一次，我岳父采取了完全不同的方式和他沟通。他笑着对雷雷说："雷雷，你是不是忘了洗饭盒啦？"然后他打开饭盒，放到雷雷的鼻子下面让他闻："是不是很臭啊？你如果还是忘记，明天我就拿这个臭的饭盒给你装饭菜，好吗？""不好！不好！"儿子连忙大声回答，并立刻拿着饭盒去清洗了。在这之后，儿子基本能做到每天回来的第一件事就是将餐具洗干净晾干。

适合 6~12 岁孩子的家务

包括：

- 自己整理书包并准备第二天上学要穿的衣服、鞋。需要家长签的字第一天晚上睡觉前让家长签好。

- 给地毯吸尘、扫地、拖地。家长需根据家的大小决定让孩子花多少时间在扫地和拖地上。我只让孩子每天清扫厨房瓷砖地面，其他房间的木地板我自己清扫。

- 定期帮助清理洗手间和浴缸。
- 洗碗筷。由于早晨时间比较仓促，家长可以要求孩子晚饭后将自己的碗筷清洗干净。每个周末选一餐饭，如周六的午餐，让孩子餐后帮忙清洗全家人的碗筷。
- 自己烤面包，做简单的饭菜，如煎鸡蛋、煮面条。
- 会用洗衣机和烘干机。我家是每个周六洗衣服。我教会孩子将脏衣服分内衣和外衣分批清洗。由于洗衣模式都是设定好的，只要按电源和启动键就好，孩子们所要做的就是学会放适量的洗衣液，有时还要添加清新剂。我家不使用烘干机，因此孩子们还需要将衣服挂起来。我教会他们在挂衣服的时候，要将衣服尽量拉平整，不能皱皱地就挂上。
- 会自己叠好衣服，并归类放好。
- 陪父母购物，并知道比较价格。
- 如果家里有院子，孩子还可以帮忙清扫树叶、积雪。
- 饭前饭后帮忙。

不少家长会觉得做饭菜风险很大：万一被油烫了怎么办？万一煤气忘关了怎么办？建议小学生在做简单饭菜的时候，家长在边上辅导。其实，单单让孩子学会磕开、磕好生鸡蛋都不是件轻松的事情。我儿子刚开始学习磕鸡蛋的时候，不是力气太小，就是力气太大，有时直接搞到地上。我个人认为，小学生，特别是高年级的小学生应该做到万一家长不在家或生病了，不会让自己饿着。这是一个非常基本的生存能力。

一日三餐对于孩子的成长和家庭的团结特别重要。即使孩子绝大多数时间不会帮我们做饭菜，他们也要为餐前的准备和餐后的清理做出贡献。

在日本，很多中小学的午餐是学生自己负责分发的。[1]每日的午餐时间被称为"光荣的用餐时间"——用来传达平凡事务的严肃性和重要性。午餐开饭前，当天值日的几位学生会穿上厨师的白大褂，到学校的厨房将班级所有人的饭盒一起抬回，发给同学。所有学生吃好后，他们又负责将空饭盒送回厨房。很遗憾，在美国的学校，午餐要么是自带，要么是由（花钱雇的）成人发给孩子，孩子失去了劳动、服务大家的好机会。

在家里，每次吃饭前，我会要求上幼儿园的女儿按吃饭的人头摆好碗勺，让上小学的儿子盛饭。饭后，他们会洗各自的碗和勺，儿子会清扫厨房并拖地。儿子做其他家务我是不给报酬的，但扫地一次我会给 50 美分，拖地一次给 25 美分。

我个人觉得扫地拖地特别锻炼孩子。刚开始让儿子扫地时，他只将地上明显的脏污扫掉。拖地也是如此，就像是在宣纸上画水彩画一样，这儿拖一下，那儿拖一下。我看到后，总是让他返工，我告诉他："爸爸妈妈花钱让你扫地是想培养你注意细节、吃苦耐劳的精神。等今后你长大成人了，你就会知道，很多时候决定一个人成败的不是这个人聪明不聪明，而是这个人能否吃苦，能否注意细节。"

很遗憾，这些大道理说了几次他也没有理会。一次偶然的事件，让他意识到了注重细节的重要性。2019 年 4 月的一个夜晚，儿子和我正要上楼洗澡，忽然看到一只小老鼠从厨房的一头窜到灶台下面不见了。第二天我检查根源，将灶台推开后才发现，不速之客是从灶台后面墙上的洞里钻进来的。我们当年买房的时候，厨房是新装修的，可以肯定的是，前一个屋主装修的时候，装修

1 Lieber, Ron, and Ron Lieber. The opposite of spoiled. HarperCollins, 2015.

的人觉得没有人看到灶台后面的墙，或者认为有两个小洞无所谓，所以就没有花时间将洞补上。后来我用木板将洞遮住后，家里再也没有出现老鼠了。

我利用这个机会，和儿子讲了《乔布斯传》中的一个故事：乔布斯曾对传记作者沃尔特·艾萨克森深情回忆起他父亲深深植入他脑海的教训。他父亲说，正确地制作哪怕是橱柜或围栏这些东西的背面，都是件很重要的事情，即使别人看不到这些背后的东西。乔布斯将这一思想应用于 Apple II 内部的电路板布局。他拒绝了最初的设计，原因是线不够直。虽然几乎没有电脑使用者会打开机箱查看电路板，更不会在意电线的布局，但真正的大师在意！

这件事之后，儿子开始认真地扫地拖地了。

家务劳动表

美国个人理财大师大卫·拉姆斯（Dave Ramsey）在和他女儿合著的一本书[1]中建议家长应将每周的家务列在一张表中，将表贴在冰箱上。这样孩子和家长随时都能看到。下面是我为上二年级的儿子准备的家务工作表。

2019 年				月　日一　月　日			
家务 ＼ 星期	一	二	三	四	五	六	日
洗碗							
洗衣、晾衣（周末）							
叠被子							
扫地（$0.50）							
拖地（$0.25）							
总计							

1 Ramsey, Dave, and Rachel Cruze. Smart Money Smart Kids: Raising the Next Generation to Win with Money. Ramsey Press, 2014.

　　和拉姆斯对他女儿一样，对于儿子家务劳动的报酬，我是每个周日支付的。与年幼的孩子不一样，小学阶段的孩子应该已经领会到"工作—报酬"之间的关系了，立刻兑现不是最重要的了。明白先要有所付出、努力工作，才能在周末获得相应报酬，能够培养孩子延迟满足的能力和耐心。每个周日，我都会取下冰箱上的家务工作表，和儿子一起计算这周他一共赚了多少钱。他如果扫地和拖地一共五次，那他总共赚了 3.75 美元。如果他做事认真仔细，我会给他 4 美元，多给的 25 美分算是小费，让他知道做事认真是有回报的。

三个存钱罐

我帮儿子做的三个存钱罐：储蓄罐、花费罐和给予罐

　　孩子拿到钱后，该放在哪里？家长该如何引导孩子使用金钱？小学是教育子女如何处理他们所赚的钱的最佳阶段。我帮儿子找了三个透明的罐子用于存放三种不同用途的钱：一个罐子是"花费罐"——用于买他自己想买的小东西，如小玩具；一个罐子是"储蓄罐"——将钱攒着用于购买"大件"（长期的消费目标，比如，自己买一个 iPad）；还有一个罐子是"给予罐"——这部分钱是用来捐赠的。我会在后面的章节中详细讨论花费、储蓄和给予。

　　孩子赚的每一分钱都要分放在这三个存钱罐里。我建议儿子每赚 10 美元，就将其中的 1~2 美元放入"给予罐"中，5~6 美元放入"储蓄罐"中，剩下的放入"花费罐"中。

拥有一颗给予的心很重要。纵观世上事业上有大成的人，他们往往乐于给予。要让孩子理解，除了我们这个小家，外面的"大家"也很重要。我们如果能够力所能及地帮助他人，会让这个世界变得更加美好。儿子一直使用可汗学院（Khan Academy）自学数学。2019 年 5 月的一天，儿子告诉我他要用自己存在"给予"这个罐子里的钱给这个免费网站捐款。问他为何要捐款，他说"怕它消失"。我心疼他，说爸爸帮你捐了，你的钱留着。他坚持要给我 3 美元。当我接下他的 3 美元时，他甭提有多开心了！作为爸爸，我也很开心。

大多数情况下，孩子可以自由处置"花费"罐子里的钱。但如果孩子主动咨询家长在某项花费上的意见，家长应提供参考意见。女儿和小一岁的邻居女孩 Sienna 特别要好。在 Sienna 快过 5 岁生日的时候，女儿问我可不可以给她买个价值 20 美元左右的娃娃作为生日礼物。女儿对金钱还没有太多概念，当时她"花费"罐子的所有钱加起来也不过才 30 多美元，而且 Sienna 家里有特别多的娃娃和玩具。我想了一下对她说："宝贝，对朋友大方很棒！20 美元是个很大的数目。在一些贫困国家，不少小孩一天的花费都不到 1 美元。Sienna 家已经有很多娃娃了。你想送给她一个特别的礼物，对不对？你可不可以自己制作一个礼物，然后买本书送给她呢？"女儿想了想，觉得我说得有道理。

"储蓄"这个存钱罐里的钱其实是为了比较大的花费项目准备的。我儿子希望自己能够拥有一个 iPad。我告诉他如果他自己能存上 500 美元，我就会帮他买一个，钱不够我会帮他补上。虽然我心里不想小孩有 iPad（家里已经有三个了），但他有这样的目标，并愿意为此做出努力和规划，还是值得鼓励的。我和他说得很清楚，即使你存够了钱，买了 iPad，每天使用 iPad 的时间还是由爸爸妈妈来定的。每个孩子的具体需求很不一样。也许有的孩子心目中的大件是个足球或是一个 50 元的玩具，那这样的目标实现起来就会快很多。

记账本

从给孩子劳动报酬或者生活津贴的第一天起，家长就应该给孩子一个记账本，并教会孩子做简单但详细的资金进出记录。洛克菲勒从他反复无常的爸爸身上学到的最重要的东西可能就是认真记账了。对他来说，记账本是指导决策、让人少犯情绪化错误的神圣书籍。账本可以衡量业绩、发现欺诈行为、找出导致效率低下的问题所在。当他在 1855 年 9 月开始做第一份工作时，他便花了 10 美分买了一个红色小本子，上面写着"分类账 A"，用于详细记录收支情况。在余生中，洛克菲勒把这个记账本视为他最神圣的财产。在数十年之后，当他翻阅记账本时，他几乎泪流满面。后来，这个记账本放在了一个保险库里，成了一件无价的传家宝。

洛克菲勒不但自己记账，还要求孩子们必须认真记账并保管好各自的记账本。孩子可以通过各种方式挣钱：杀死苍蝇可以得到 2 美分，削铅笔得 10 美分，练习乐器每小时得 5 美分，如果有一整天没有吃糖果得 2 美分，如果连续两天没有吃糖果得 10 美分，在菜园里每拔出 10 棵杂草挣 1 美分，儿子小约翰砍柴每小时可以得 15 美分。洛克菲勒要求孩子们将每笔收入都入账。

在我家，儿子每次扫地和拖地后，我都会要求他拿出记账本，写上 0.75 美元，然后让我签字。如果没有我的签字，到周日支付酬劳的时候，我理论上可以不认账。周日我付清当周的报酬后，我会让儿子签字，表示他已收到当周报酬。

如果孩子花钱买东西，或者捐款了，孩子也应该及时记账。记账时，不但要写清楚金额、时间，还要记下买的什么东西、为什么捐款这些内容。

每隔一段时间，比如一个季度，家长应该要求孩子核对账目：记账本上记录的总收入减去总开支应该等于这个季度放入三个钱罐的现金的总和。刚开始的几次，家长可以和孩子一起完成对账工作。

在买菜中锻炼孩子

家长还应该时不时地带上孩子去买菜。通常孩子是非常乐意和父母一起去超市或菜场买菜的，他们看到生鲜活禽特别兴奋。通过和父母一起买菜，孩子可以学到很多东西。

首先，他们可以学到比较价格。同样是西红柿，有的

拍摄于位于新泽西李堡附近的
韩亚龙超市

是 1.5 元一斤，有的是 1 元一斤，应该选择哪种？如果价格不同是因西红柿的大小不同，在这种情况下，我会告诉儿子尽量选择价格低的西红柿，这样会节约开支（我会在"花费：防守赢得冠军"这一章具体讨论如何引导孩子花费）。

其次，他们可以学会注重细节，不能随手一拿，拿到一个烂的西红柿。当然，有些大型超市，如好市多（COSTCO），很多情况下是整盒子或整袋卖的，这时是不能挑拣的。

再次，他们还能学到如果买得量多，单价会便宜。在小的超市可以买一两个苹果，但在好市多就必须购买一盒苹果。前者的单价要高于后者。但如果家里人少，买一大盒苹果很可能几天内吃不完。如果苹果放久了，可能会坏。最后，孩子还能学会精打细

算。如果家里准备买肉，今天超市的鸡肉正好促销，而猪肉则没有，这时家长可以和孩子商量："女儿，我们可以买鸡肉或猪肉，今天鸡肉在促销（可能需要解释一下促销的含义）。如果你坚持要买猪肉，我们可以买。如果你觉得鸡肉也很好，我们今天可以多买些鸡肉，好吗？"

这些日常生活中的道理家长可以通过一次次的买菜慢慢向孩子灌输。买好菜后，家长应让孩子帮忙拎菜，帮忙将菜放进冰箱。其实，如果家长愿意，还能顺便在菜场教孩子一些基本的计算。

不公平的"糖饼干"

这个阶段的孩子对于是否"公平"有比较粗浅的理解。我儿子和女儿就经常说："这不公平！"家里如果有两个或两个以上年龄相隔不超过 3 岁的小孩，家长需要琢磨如何安排不同的家务劳动才能让孩子们都觉得是相对"公平"的。我认为对于最大的孩子，家长可以向他慢慢灌输世上并没有绝对公平这个道理。作为家中的老大，理应多做些事情，爱护保护好弟弟妹妹。

麦克雷文在《叠被子：海军上将的人生攻坚训练》一书中讲述了海豹突击队教官是如何不公平地对待甚至是打击新兵队员的。在训练中，教官让队员变成"糖饼干"绝对是一个惩罚，士兵全身上下、里里外外都要沾满湿潮的沙子，就像沾满白糖的饼干。将谁何时何地变成"糖饼干"都取决于教官的一时之念，和新兵学员实际表现无直接关系。这对于许多学员来说，是很难接受的。那些努力做到最好的人总希望自己会因优异表现而得到奖励。有时他们会得到，有时他们得不到，有时，等着他们的，反而是变成"糖饼干"！

一次，一位叫马丁的教官问麦克雷文："麦克雷文先生，你知道今天早晨你为何成了糖饼干吗？""不知道，马丁教官！"麦克雷文恭敬地回答。"因为，麦克雷文先生，生活是不公平的，你越早了解这一点，对你越好。"

很不幸，这位马丁教官在一次自行车训练中出了事故，腰部以下终身瘫痪。在过去30多年里，麦克雷文从来没有一次听到他问："为什么是我？"事实上，他后来成了一名成功的画家，还生了一个美丽的女儿，他成立并组织每年在科罗纳多举行的超级青蛙铁人三项赛。

当然，和孩子们讲麦克雷文"糖饼干"的故事，他们未必能够理解。家长可以利用身边的人和事来和孩子们讨论包括家务劳动在内的"公平"与"不公平"。

比如，家长可以说："你觉得今天帮妈妈清扫浴室很累，而妹妹却在学画画，这很不公平。那妈妈每天那么辛苦地上班，还要帮你和妹妹做一日三餐，你觉得对妈妈来说公平吗？我们是一个家。作为哥哥帮爸妈多做些事情，是因为你长大了，很能干！爸爸妈妈和妹妹都很感谢你！"

13~18岁的孩子

中学生最主要的工作是学习。在中国绝大多数地区，如果初中没有好好学习，就考不上重点高中；如果不能上重点高中，很可能就意味着上不了大学，至少上不了好大学。而能否上好大学是和今后能否找到好工作密切相关的，这一点在中国尤为突出。

以我自身为例，我是1990年进入江苏省泰州中学高中部学习的，初中三年是在泰州第四中学度过的。泰州中学是省重点。当时在泰州市，如果想上大学，即使是一般的本科，高中都必须要上泰州中学。想从其他高中考上本科基本没戏。可以肯定地说，如果当时中考我没能够考入泰州中学，我的人生轨迹会不一样，我很可能读不了重点大学，也不会出国深造。

中学生是否还要劳动

学习是最主要的工作，是不是意味着孩子就一点不用劳动呢？非也！学习和劳动并非零和游戏。

首先，很多中学生或多或少会花一些时间在打游戏、上网娱乐、看电视上。如果他们能够减少在这些事情上花的时间，用多出来的时间帮忙洗碗、扫地、整理房间，他们学习时间未必会减少。

其次，至少美国的研究发现，高中生如果适度地兼职打工并不会影响他们的学业。但中国不是美国。美国的高考（SAT）一年有7次，而且越来越多的美国高校不再强制要求学生提供SAT成绩，其中就包括著名的芝加哥大学、乔治·华盛顿大学和维克森林大学。这些名校之所以这么做，是因为许多在大学里表现优异的学生在大学入学考试中的表现并不突出。如果考试成绩不再是进入象牙塔的最重要决定因素，那其他因素，像战胜家庭困境、搞小发明、参与公益组织活动、明确的职业规划等就变得更为重要。试想两个高中毕业生同时申请芝加哥大学：一个高考满分，但很少参加社会活动，从未打过工，在家里也不做家务；另一个高中成绩中等偏上，没有高考成绩，但该学生成长在单亲家庭，从小就帮妈妈干活儿，初中开始就兼职打工补贴家用，有很明确的职业规划，如果你是芝加哥大学的招生办负责人，你会录取谁？中国在可预见的未来不会取消高考。这就决定了中学生必须拼成绩。但即使这样，在家里做些家务，暑期里花几个礼拜打工或实习，我想还是利大于弊。

最后，孩子经常性地、适度地做些家务、在外兼职还能够培养他们提前做好准备和管理时间的能力。如果我们要求孩子早饭后必须自己洗碗筷，而不是匆忙收拾书包，我们就能促使孩子养成提前准备的习惯。

开设银行账户

中学生不再需要钱罐了。家长应该及时帮孩子开设一个银行账户。家长如果觉得适合，在孩子上小学三四年级的时候就可以办理。在中国，未满16周岁的少年儿童，应在监护人的陪同下前往银行办理开卡业务。如有可能，家长应让银行提供纸质存折。现在不少银行只提供硬卡或者存折其中之一。一些银行专门为孩子推出了银行卡，如中国工商银行的萌娃卡，家长们可以通过各大银行公众号了解相关信息。现在很多成人都不再用存折了，但我建议为孩子设立的活期账户，要用纸质的存折。存折可以让孩子清楚每笔进账、每次取款、利息是多少这些信息。货币电子化后，支付宝和微信钱包的广泛应用，让很多小孩对金钱没有实际概念，因此会时不时听到有孩子用爸妈的手机玩游戏充值成千上万元。家长可以将每个月拟花费在孩子身上的开销，如午餐费、文具费、书本费、车费等打入孩子的账户。孩子如果想要更多的钱，对不起，请自己通过劳动挣。

适合中学生的家务

除了之前提到的适合小学生的家务外，中学生还可以做以下一些家务：

- 清理灶台。
- 帮忙做些较为复杂的饭菜。
- 家里来了客人，帮助倒茶、准备水果。
- 照看家里的弟弟妹妹。
- 擦窗户。
- 换灯泡。

- 洗车。

- 刷漆。

- 修理草坪。

美国首位华裔部长赵小兰 8 岁移民到美国。刚刚到美国时，家里很穷，她和爸妈、两个妹妹住在纽约皇后区的一所简陋的一室一厅公寓中。后来，爸爸赵锡成的船运事业有了起色，全家搬到有 7 个房间 2 英亩[1] 地的大房子里，但赵小兰和几个妹妹必须自己洗衣服、打扫房间，和妈妈一起刷房间、清理泳池，甚至铺设门口 300 多英尺[2] 长的车道。有客人来，赵家的小姐们都得出来招呼，甚至守在餐桌旁添茶上菜[3]。妈妈朱木兰每天下午 5 点钟左右开始准备全家人的晚餐，这时，赵家姐妹们都会进厨房帮忙[4]。我想赵家六姐妹，四个毕业于哈佛，是和赵家良好的家教密不可分的。

迟到一次就被炒鱿鱼

对于中学生来说，除了在家做家务，更重要的是他们要走出家门，在外面做一些力所能及的工作。和在家劳动相比，在外边劳动给孩子的锻炼是完全不一样的。

达克沃斯在《坚毅》一书中讲了这么一个故事。西雅图湖滨学校的校长伯尼·诺伊（Bernie Noe）的女儿在十几岁的时候，几乎每天上学迟到。一年夏天，他的女儿在当地的美国鹰牌（American Eagle）公司找到了一份叠衣服的工作。上班第一天，店长对他女儿说："哦，顺便说一句，你第一次迟到就会被炒鱿鱼。"她惊呆了。没有第二次机会？她之前的一生，都会被耐心地对待、都会被理解、都会有第二次机会。接下来发生了什么事

1 1 英亩≈4046.86 平方米。
2 1 英尺≈0.30 米。
3 《淡定自在》，崔家蓉，新华出版社，2018 年 10 月。
4 《逆风无畏》，崔家蓉，新华出版社，2017 年 10 月。

呢？"简直太棒了，"诺伊回忆道，"这是我见过的她最直接的行为改变。"他的女儿设置了两个闹钟，以确保她准时或早早地去做一份根本不能容忍迟到的工作。作为一名负责引导年轻人走向成熟的校长，诺伊认为自己影响孩子的权力有限："如果你是一家企业，你根本不在乎孩子是否认为他们很特别。你关心的是'你能干好这个活儿吗？'如果你不能干好，嘿，我们对你没用（你对我们也没用）。"

在外工作还能让孩子及早意识到"这个世界不是围绕着你转的"，以及"你并不是无法被替代的"。特斯拉汽车公司总裁、"钢铁侠"埃隆·马斯克会解雇在电子邮件中犯语法错误的营销人员，以及在他最近记忆中没有做过任何让人惊叹的事（anything awesome）的人。无论是在特斯拉还是 SpaceX 公司，马斯克对员工的要求是拥抱你的工作并完成任务。那些等待指导或详细指示的人无法在他手下成功。员工能够做的最糟糕的事情就是告诉马斯克他所要求的是不可能做到的。

也许我们的孩子长大后一辈子都碰不上像马斯克那样的偏执狂式的天才老板，（其实能够碰上这样的老板也许是件人生大幸事。"几乎每个人，甚至是那些被解雇的人，仍然像对待超级英雄或神灵那样崇拜马斯克，谈论他。"）但他们肯定会在职业生涯中碰到挫折甚至是重大挫折。如果他们从小就能从工作中得到磨炼，那他们承受挫折的能力会强很多。

对于初中生来说，可以到餐厅里一周工作几小时，也可以帮同一小区的家庭照看一下小孩或遛狗。2018 年 6 月底，一位 12 岁快上 7 年级的美国男孩出名了。他的名字叫雷吉·菲尔兹（Reggie Fields）。他和他的兄弟姐妹及表兄弟几个人专门帮人割草坪。他有一次帮助霍尔特一家割草，不经意将边上人家的草除了一块。

这家很无聊的人居然报警了，后来霍尔特太太在 Facebook 上上传了一段视频。这视频很快就火了，包括 CNN 在内的媒体也报道了这则新闻。在此事件前，菲尔兹团队每天会帮 4~5 户割草，在此事发生后的短短几天内，他们多了 20 个新客户。菲尔兹的妈妈说孩子是在 5 月份开始割草的。当时他觉得很无聊，想要赚些糖果钱，但当他看到他能通过割草赚不少钱时，他就全身心地投入其中了。

对于高中生来说，由于繁重的学业，时间上比较"经济"的做法是在暑期打工 1 个月。由于很多雇主不愿意雇高中生，这时家长需要动用自己的一些资源，帮助孩子找到适合的暑期兼职或实习机会。适合高中生的工作比较多：小学生辅导老师、餐厅接待员、咖啡店店员、水果 / 饮料店收银员、泳池救生员、打字员等。

无论是初中生还是高中生，如果在外做兼职工作，要把握几个原则：

- 学业为重。考虑到中国学生的学习负担很重，建议每周的兼职工作时间不要超过 10 小时。工作不能太辛苦，在餐馆刷 8 小时的盘子，第二天会一点精神都没有。

- 为上大学攒钱。家长应鼓励孩子尽一切可能上大学，并尽早为上大学攒钱。虽然在中国，上大学的费用相对于美国来说很低，但对于不少收入较低的家庭来说，仍然是较大的负担。即使是富有的家庭，让孩子用自己挣的钱来支付部分大学开支也是很好的事情。

- 充分利用兼职工作提供的机会。和工作的老板保持良好的关系，并争取在今后的学习或工作申请中，能够获得一份好的推荐信。

尽可能将工作一次做好

以工匠精神，尽可能将工作一次做好，不走捷径、不马虎、不偷工减料对于绝大多数工作来说应该是最佳途径。这一点，查理·芒格的养子威廉特别有感触。芒格一家曾住在明尼苏达州。当时威廉已到了可以开车的年纪，去卡斯湖镇接送女佣是他的一项任务。这项任务不是光开车就可以完成的，他必须先开船越过卡斯湖，到了对岸的码头再开车去镇上，然后沿原路返回。他每天早晨的任务还包括在镇上买报纸。有一天风雨交加，湖面上的浪很大。经过所有的惊险和困难，威廉终于去镇上把女佣接回了家，可是忘了买报纸。查理问："报纸在哪儿？"威廉说没买。查理停顿了一秒钟之后说："再去一次，把报纸买回来，以后别忘记了！"所以威廉只好冒着风雨回镇上买报纸，湖面上波涛汹涌，风雨扑打着小船，当时威廉告诉自己："我再也不会让这样的事情发生了。"[1]

这一章讨论的是家务劳动和工作对于培养孩子财商的重要性。让孩子在家做家务、在外做兼职对于孩子学业、精神和今后职业发展是大有裨益的。家里家外勤劳动能帮助孩子建立信守承诺、守时、独立和不轻易放弃的精神。这和我们在第一章讨论的"坚毅、品格和财富"是紧密相连的。相比智商或天赋，坚毅和品格能够更好地预测人们未来收入和幸福程度。我们如果想培养自己的孩子成为坚毅、品格高尚的人，请引导孩子从身边的小事做起，从家务劳动开始！

---

1 Munger, Charlie. Poor Charlie's Almanack. (2008): 432.

梦想清单

请你根据孩子的年纪和特点设计家务劳动表。对于 3～5 岁的幼儿和低年级的小学生来说，家长的意见是主要的；对于中高年级的小学生来说，家长可以和孩子商量日常做的家务；对于中学生来说，虽不一定要有一张贴在冰箱上的家务劳动表，但家长还是应该要求孩子做一些力所能及的家务，如每日整理自己的床铺、洗自己的碗筷、扫地、拖地、定期帮忙清扫厕所、帮忙接待客人等。

对于初中生，家长可以协助孩子平时找一些兼职工作，如帮邻居带小孩。现在很多小区都有业主群。家长可以在业主群里询问邻居是否有这样的需求。对于高中生，家长可以在暑期协助孩子找到几个礼拜的全职工作。平时，如果孩子学有余力，可以考虑一些耗时不多的兼职工作，比如一周辅导小学生 2～3 小时。

如果孩子还没有上中学，帮孩子找三个大的罐子，塑料的或玻璃的都可以，分别用于花费、储蓄和给予。存钱罐的口要大，罐身要透明。不要给大额的钞票，多给些 5 元、10 元的。放钱进去的时候，不要叠整齐，不要平躺着，目的是让罐子里的钱看上去显得很多。如果孩子要上中学了，帮孩子到银行里开个账户，最好能有纸质的存折。

第四章

储蓄：让钱慢慢长大

从 800 美元到亿万身家

在 1855 年的最后一天，工作了三个月的洛克菲勒收到了有生以来第一笔工资——50 美元，相当于每天 50 美分多一点。公司合伙人休伊特同时宣布将他作为助理记账员的工资涨到每年 300 美元。1857 年，他的工资涨到每年 500 美元，1858 年，变成每年 600 美元。1958 年年初，他的朋友、大他 10 岁的克拉克非常看重洛克菲勒的能力："作为一个年轻记账员，他有超出常人的能力和可靠性。"克拉克提议他们两人成立农产品买卖公司，但每个人需要出 2000 美元的启动资金。不可思议的是，洛克菲勒在短短 2 年多点的时间里存下了 800 美元，超过他一年的工资！

1858 年 4 月 1 日，利用自己的储蓄和从他那位不靠谱的骗子老爸威廉·洛克菲勒那里按 10% 的利息借来的资金，18 岁的洛克菲勒正式离开休伊特，成为一家新开业公司的合伙人。"自己当老板真开心，"洛克菲勒说，"我心里充满了自豪感——为成为一家拥有 4000 美元资本的公司的合伙人！"[1] 到 1958 年年底时，这家新公

---

1 Chernow, Ron. Titan: The Life of John D. Rockefeller, Sr. Vintage, 2007.

司就赚了 4400 美元，属于洛克菲勒的份额为 2200 美元，是他当雇员时赚的钱的近四倍。

可以说如果没有工作头两年省吃俭用存下来的 800 美元，洛克菲勒很可能就没有足够的资金创办自己的合伙企业，也很可能就不会成为一段相当长时间内的世界第一富豪！

和洛克菲勒的经历有点类似，十几岁的李嘉诚就在舅舅的钟表店里当学徒，19 岁时他到一家五金厂当推销员，20 岁时由于出色的推销业绩，升任塑料花厂的总经理。1950 年夏天，年仅 22 岁的李嘉诚创办长江塑料厂，创业资本是 5 万港币，来自平时省吃俭用存下来的钱和亲友提供的借款。没有平时的节俭和储蓄就没有后来的"李超人"。

巴比伦首富

在芒格很推崇的《巴比伦最富有的人》这本财经小说中，作者乔治·克拉森（George Clason）借书中人物巴比伦富商阿卡德（Arkad）分享致富之道来阐述亘古不变的金钱法则。这些法则在数千年前的巴比伦适用，在如今仍然适用。

阿卡德是一个穷商人的儿子，无望继承任何财产。他也没有超凡的智慧和能力，只能通过努力得到自己渴望的东西。他曾做过官府的刻石板匠。一年年下来，虽努力工作但还是穷得叮当响。一次他因整夜未睡帮放贷人阿加米昔刻好了石板，而得以聆听阿加米昔的致富之道（再次印证了努力工作的重要性）。

阿加米昔传授他的第一句话就是："我的致富之道就是将收入的一部分保留下来。你也应该这样。"

他说："你攒下的每一个金币都是你用来赚钱的奴隶。它赚的每一个铜币都是能够为你赚钱的孩子。如果你想变成富人，那么就让你存下来的钱赚钱，再用赚来的钱赚钱，这样能让你获得不竭的财富。

"你收入的一部分要保存起来。不管你挣多少，每次保存的钱不能低于收入的 1/10。你能存下比 1/10 更多的钱。先付钱给自己（储蓄）。买衣服和鞋的钱不要超过余下的钱，还要留下钱买食物、做慈善和献祭。"

将盈余变成支出

这条无论赚多少先付给自己至少 1/10（储蓄）的致富之道，和全球畅销书《富爸爸穷爸爸》的作者罗伯特·清崎（Robert Kiyosaki）的富爸爸告诉他的道理完全一致：先付给自己，将预算盈余变成必须的支出。

多数人都知道储蓄、捐献和投资的重要性。但问题是，在支付了各种开销、偿还了债务后，很多人没有任何钱留下用于做这些事情。其根本原因是这些人将储蓄、捐献和投资的重要性排在了最后。

大多数美国中产人士处理家庭财务的优先次序是：①找一份高薪工作；②还房贷和车贷；③按时支付账单；④储蓄、捐献和投资。换言之，给自己钱是他们最后才考虑的。

在清崎和他的富爸爸眼中，这种优先次序是完全错误的。个人为了创造财富盈余，必须优先考虑盈余。使盈余成为优先事项的最好方法是重新调整你的支出习惯。把储蓄、捐献和投资至少列为第二优先项，并在个人收支表中将这些列为支出。

清崎刚结婚的时候就和妻子金姆商量好，两人每赚 1 美元，就必须将其中的 30 美分作为开支用于储蓄、捐献和投资。这是他们最重要的开支，因为这些是创造财富盈余的必要支出。在确保了这些支出后，剩下的 70 美分才用来交税，还房贷、车贷，交水电费，买食品和衣服等。刚开始时，剩下的钱根本不够支付各种其他费用，有些月的财务缺口达到 4 000 美元。他们完全可以动用自己的资产（来自储蓄和投资的积累）来补上缺口，至少可以减少当月储蓄或投资的额度。但是清崎和金姆并没有这么做，他们的做法是想办法赚更多的钱。清崎通过在外教投资、销售和市场营销课程，培训当地房地产公司销售团队，甚至帮助一个家庭搬家来赚钱。他的太太则通过帮助企业做营销策划、做模特、销售某品牌衣服赚外快。[1]

无论是巴比伦首富的致富之道，还是清崎富爸爸的忠告，都点出了有关储蓄的几个基本常识，我将在下面三个小节中一一介绍。

金钱如海绵里的水

关于储蓄的第一个常识是，是否愿意储蓄往往是个人的意愿问题，而不是钱多钱少的问题。

阿卡德接受了放贷人阿加米昔的致富建议，开始每赚 10 个铜板，就拿出其中一个藏起来。"奇怪的是我并不比从前少些什么。如果没有那一个铜板我的生活没有什么不同。可是我常常受到诱

1 Robert Kiyosaki, "Rich Dad's Increase Your Financial IQ", Business Plus, 2008.

感，当我的积蓄开始增长时，我开始想购买一些商贩摆出来的，或是骆驼甚至是船队从腓尼基运来的好东西。不过，我还是明智地克制住了。"

"全球投资之父"邓普顿爵士即使在最困难的时期还和妻子坚持他们对自己的承诺：每挣 1 美元就拿出 50 美分用于储蓄和投资。他坚信成功与储蓄密切相关。他在很早的时候就设定了一个目标，即租金不超过年度"可消费收入"（交税后、储蓄和投资后剩下的钱）的 16%。由于他善于寻找廉价的地下室出租房，他的租房支出远远不到 16%[1]。

讲个我自身的例子。我 2001 年到美国的密西西比大学攻读博士学位，身上只带了 1 000 美元，学习和生活费用完全依赖学校给的奖学金。当时的奖学金是每个月 800 美元。为了存钱，我没有单独租房，而是和一个中国学生在校内合租了一间一室一厅的房子，我们在房间里放了两张单人床。由于房子在校内，因此也不用买车。平时我和室友轮流做饭，每个礼拜搭其他中国学生的车去买菜一次。书买的都是二手书，或者从图书馆借阅。头发是几个同学之间相互理的。就这样下来，每个月能存下 400 多美元。第二年我转校到麻省的布兰迪斯大学，奖学金提高到每月 1 100 美元，但生活费用也增加了，特别是房租。即使这样，我每个月还是能存下 500 美元左右。2003 年，我父母要在老家买房，那时每平方米房价才 1 000 多元人民币，人民币对美元汇率为 8.28。我将存下的 1 万多美元汇给了他们，父母自己凑了些钱买了 100 多平方米的新房。如果将购房看成是种投资，考虑到房产在过去 10 多年上涨了多倍及宽敞的大房子为父母生活品质带来的改善，那我在美

---

1 出自《邓普顿金律》。

国留学前两年省吃俭用存下来的钱的投资回报还是很不错的。

24 美元购得曼哈顿，值吗

关于储蓄的第二个常识是：时间是财富最好的朋友。越早存钱和投资收益越高，哪怕每年的收益很低，时间一久，累积的财富也会相当可观。

阿加米昔对阿卡德说："财富就如同一棵树，是从一粒小种子发芽而成的。你的第一个铜板就是将来长成财富之树的种子。这粒种子你种得越早，它就能越早地长成大树。你越忠心地用存款浇灌它，给它施肥，它就能长得越快，不久你就能在树荫下乘凉了。"

1626 年 5 月 24 日，荷兰人彼得·米努伊特（Peter Minuit）以约 24 美元的价格从当地土著人手中购得曼哈顿岛。这笔交易被很多后来人认为是历史上最赚钱的交易之一。但真的是这样的吗？假设有人在 1626 年存了 24 美元，年化利率是 8%，那到 395 年后的 2021 年，这笔钱值多少呢？值 382.468 万亿美元！如今的曼哈顿岛，即使再金贵，也远远不值 382.468 万亿美元。也就是说，如果米努伊特有先见之明并找到一个在未来 395 年每年都能有 8% 回报的投资机会，他在 1626 年就不应该用 24 美元买曼哈顿，而应该投资！这就是被爱因斯坦称为"世界第八大奇迹"的复利的魅力——当利息开始挣利息，即"钱生钱，利滚利"的时候，时间一久，再少的钱也会滚得很多！

也许你觉得这个例子不切实际，没有人能考虑这么长久。那我们来看一个切实的例子，假如家长在孩子出生的第一个月开始每个月帮孩子存 100 元，年化利率为 6%，当孩子 30 岁的时候会有多少钱呢？会有 100 451.5 元！到 60 岁的时候，则会有 70.54 万元！再举个例子，有些人即使再没钱，也要找钱买烟抽。假设平均每天花在烟上的钱是 10 元钱，如果将这 10 元钱不用于买烟而是存起来，同样按照年化利率 6%、每个月计利一次来计算，30 年下来这些钱则会变成 301 354.51 万元。

对复利的另一层理解是，如果两个投资机会净投资额相差不大，但利率不同，在时间这个好朋友的照看下，多年以后，两者间的差异会特别大。如果年化利率不是 8%，而是 7%，那 395 年后 24 美元会增值到 9.7 万亿美元，只有年化利率为 8% 时的 1/40。

因此，早存钱，精明地选择储蓄和投资机会是走向财务自由的根本途径之一。

挡不住的诱惑

关于储蓄的第三个常识是：储蓄，看着钱慢慢长大，能够培养人抵制即时享受，注重长期目标的能力。

这点对孩子特别重要。我在"和孩子谈钱"这章讨论过经典的斯坦福大学的"棉花糖实验"——能抵制诱惑的孩子长大后往往生活得更好。

美国经济学家安吉拉·莱昂斯（Angela Lyons）在一项针对大学生的研究中发现，那些拥有良好财务技能的人有一个惊人的相似之处：几乎所有人都说，父母在他们小时候就帮助他们养成了储蓄的习惯。这表明储蓄是一种来自个人经历的行为，而不仅仅是通过说教和灌输可以获得的知识。

对于家长来说，我们要做到两点。

首先，我们自己要有存钱意识。因为很多孩子是通过观察和模仿成年人，尤其是父母的日常行为，来获得对金钱的认识和基本金融素养的。如果我们自己不存钱，我们就等于用自己的行动告诉孩子存钱不重要。可以不夸张地说，家长的金融行为和意识能影响孩子一辈子。莱昂斯在另外一项研究中发现，父母的财务能力和管理自身养老金的经历会影响成年子女的退休储蓄决策。[1]

其次，家长要经常鼓励孩子存钱并确保孩子明白存钱的重要性：让孩子将他们获得的钱的一部分存起来，抵住即时满足的诱惑。研究证明，父母经常鼓励孩子储蓄可以使孩子成人后储蓄率更高。[2]

适合不同年龄孩子的储蓄建议

3~5 岁的孩子

遥远的生日

我女儿的生日在 6 月份，但她往往在 3 月份的时候就开始期盼过生日了。她每隔一两天就会问我和她妈妈还有多少天过生日，因为她知道生日那天会有大蛋糕、礼物及一群小朋友在一起玩乐。我们会利用女儿这种期盼的心理来锻炼她延迟消费和满足、抵抗诱惑的能力。比如，她想在 5 月份买蛋糕吃，我们就会说，我们不如将现在买蛋糕的钱省下来，等到你过生日那天买个大的"冰

1 Robertson-Rose, Lynne. Because my father told me to: Exploratory insights into parental influence on the retirement savings behavior of adult children. Journal of Family and Economic Issues 41, no. 2 (2020): 364-376.

2 Webley, Paul, and Ellen K. Nyhus. Parents' influence on children's future orientation and saving.' Journal of Economic Psychology 27, no. 1 (2006): 140-164.

雪奇缘"蛋糕，你和小朋友一起吃，好不好？在这种情况下，女儿一般会同意的。等到她正式过生日的那天，当她和大家分享蛋糕时，我们会赞扬她为了这一天付出的等待是多么值得！

　　只要留意，家长会发现这种锻炼孩子延迟满足的机会有很多。比如，吃完晚饭后孩子要吃一块巧克力，家长可以和孩子说："宝贝，晚上吃巧克力对牙不好，如果你能等到周末再吃，妈妈会给你两块巧克力。"如果家里种了些蔬菜（参见"花费：防守赢得冠军"这章），比如小番茄，可以在小番茄还是青色的时候摘一个给孩子尝一下，然后等番茄成熟后再让孩子尝一下，让孩子对比前后两种小番茄的不同。家长也可以带着孩子分别在播种季节和收获季节去周围的农场或果园，让孩子在亲近大自然的同时懂得春种秋收的道理。

　　家长在孩子玩乐的时候也能教他们懂得等待，延迟满足。我女儿特别喜欢攀爬猴架（monkey bar，就是单杠），玩到手掌心上的皮都破了几次也不觉得疼。有天，我发现她和另外一个小女孩在吵架。过去一问，原来两人都特喜欢爬猴架。但猴架不宽，一个孩子在爬，另一个孩子就只能等。

　　两个小孩都指责对方攀爬的时间太长。我于是和女儿说："你们需要轮流，不能因为你喜欢就一直爬来爬去，让别的小朋友没有时间玩。这个猴架不是我们家的，你必须和其他孩子分享。你爬好了下来，要耐心等其他所有小孩都爬了一次，你才能再次爬。"

　　女儿一开始答应了，但没过多久，她又和那个小女孩争执起来。我这次将她拉到一边，严肃地说："如果爸爸再发现你和别人因爬猴架吵架，我们就立刻回家。你们必须轮流爬，你必须等。""是她一直在爬！"女儿委屈地说。"那你们也不能吵架。你可以好好地和她商量大家轮流爬。如果她还是不听，你可以告诉她奶奶，她奶奶就在边上。"我坚定地说。

我想绝大多数家长都会碰到这样的情况。这其实是一个很好的"可教时刻"：让孩子懂得尊重游戏规则、尊重他人，懂得等待，延迟满足。

终于买到想要的了

3～5岁的孩子应该可以帮助家里做些简单的家务活儿并获得报酬，以及应逐渐清楚"想要"和"需要"的区别了。一个基本指导原则是，如果孩子坚持要买想要的东西，在不是特别过分的情况下，家长应要求孩子用自己存的钱来购买，至少是出部分钱。家长应该帮助孩子设立一个具体的目标。

比如，女儿要买一件《冰雪奇缘》中艾莎公主的裙子，家长应在网上找到孩子喜欢的式样，告诉孩子价格是多少，比如100元。然后家长可以和孩子一起制订一个两个月的存钱计划：孩子每天帮爸爸妈妈扔一次垃圾得1元钱，两个月后就会有60元。到时候，爸妈再贡献40元就能买上了！

当一个3～5岁的孩子用自己努力劳动攒下来的钱，耐心等待了几个月后，终于买到心仪的东西时，这不是一个简单的数学游戏，也不仅仅是一次商品交易，这是一个宣言——孩子在家长呵护下自信地、有计划地实现了自己的一个财务目标。

孩子存钱的时候要将现金放在透明的罐子里，罐子要放在醒目的地方。这么大孩子可能不懂金钱的时间价值或复利，但如果存钱罐里的钱慢慢变多，他们是看得到也看得懂的。家长可以时不时地和孩子一起数钱，每次数的时候在记账本上记下存钱罐里有多少钱。这样不但可以让孩子对数字敏感，还可以让孩子切实感受到，只要自己不断努力，只要自己抵得住诱惑，不轻易将钱拿出来用于即时消费，钱就会慢慢"长大"。

6～12 岁的孩子

芒格的数学题

2000 年夏天，查理·芒格写了一篇很有意思的寓言式文章，文章的题目为"2003 年的重大金融丑闻"[1]。他在文章中出了一道有关复利的数学题。

我会给你下面两个选择中的一个，你一旦决定就不能改变，所以在你决定之前要仔细考虑。我会每天给你 1000 美元，为期 30 天，你可以马上开始消费。或者，我会在第 1 天给你 1 分钱，在第 2 天加倍，在第 3 天再把所得的金额加倍，然后继续把你的钱每天翻一番，持续 30 天，但是你在第 30 天之前，1 分钱都不能花。

这个年轻人被一个月内每天花费 1000 美元所诱惑，他选择了每天 1000 美元。他的选择明智吗？

根据第一种选择，这位年轻人的总收入是 3 万美元。根据第二种选择，复利的力量将使总金额达到 5368709.12 美元。

家长可以将芒格的数学题抛给孩子，让孩子选择。

我们听过不少类似的故事。比如，荷塘里第一天有一片荷叶，第二天有两片，第三天四片，30 天后荷塘被荷叶铺满了，问如果荷叶要铺满荷塘一半的水面，需要多少天？"正确答案是 29 天。

芒格的数学题显示了复利的力量。而荷叶铺荷塘的故事则点出了时间的价值——财富有相当一部分甚至大部分都来自坚持。股神巴菲特 99% 以上的财富来自 52 岁之后。52 岁的时候，他的财富为 3.76 亿美元。而在 2021 年，90 岁的他成为千亿富豪。

---

1 Charlie Munger, The Great Financial Scandal of 2003, 2000.

利息不高，家长给

储蓄在复利的作用下，在时间这个好朋友的陪伴下，是可以慢慢长大的。

对于低年级的小学生，通过做家务赚得的每一块钱或者是亲戚给的压岁钱、生日红包都要以现金的形式分放在三个存钱罐里：储蓄罐、花费罐和给予罐。当然，如果压岁钱和红包数额较大，家长可以考虑将这些钱存入银行。

家长可以给孩子一个指导性建议：每得到 10 元钱，1～2 元钱放入给予罐，5～6 元钱放入储蓄罐，剩下的放入花费罐。请记住古巴比伦人的智慧和清崎的做法：将钱先放在给予和储蓄这两个存钱罐里，剩下的钱才放到花费罐里。

为了鼓励孩子储蓄，让孩子体验复利的"魔力"，家长可以自己掏钱付给孩子利息。比如，每个月付 1% 的利息。每个月月末，家长和孩子一起数储蓄罐里的钱，然后再给孩子罐子里现金总额的 1% 的钱。我给孩子放在给予罐和储蓄罐里的钱的利息是每个月 0.5%，原因是美国的活期利率几乎为 0，储蓄账户利息也可以忽略不计，如果利息给得太高，孩子可能会有不劳而获的感觉。给多给少由家长根据实际情况而定。一般来说，每个月 0.5%～1% 的利息是能让孩子感受到复利的力量的。

家长除了支付利息外，还可以匹配本金，以达到鼓励孩子储蓄的效果。比如每个月孩子存多少钱在储蓄罐里，家长会对前 50 元按照 1∶1 的比例进行匹配，超过 50 元部分按照 2∶1 的比例匹配，但每个月家长匹配的资金不超过 100 元。如果孩子这个月存了 100 元，前 50 元家长匹配 50 元，后 50 元家长匹配 25 元，家长总共匹配 75 元钱。

这种方式不但可以极大地调动孩子储蓄的热情，而且会让他们明白在现实生活中确实是会有这样的好事的。在美国一些单位的养老金是匹配的。比如，在工资额的 5% 以下，企业按照 1∶1 的比例进行匹配，但企业最多给 5%。在中国，企业和个人的养老金交付比例各个地方有所不同，属于强制性质。但匹配原则可以用在其他方面，比如，在慈善捐款中，匹配是经常用的。通常是一个企业或个人承诺在一定金额内提供匹配资金，如 100 万元以内按照 1∶1 的比例与募集的金额相匹配：如果组织者募得了 80 万元，该企业或个人会额外捐 80 万元。

对于三年级及以上的孩子，家长可以咨询孩子的意见：是继续使用存钱罐还是存银行？存银行的好处是：比现金安全，存款在银行多少会有利息，而且银行提供的储蓄或理财产品很多样，可以让孩子接触更多的金融知识。

家长可以每个季度带着孩子去银行一次，将过去三个月攒下的钱存入银行，同时咨询银行人员有哪些理财产品：活期的、定期的、和股票市场挂钩的等。还可以咨询每个产品的特征是什么：预期收益率、风险、最低投资额度、持有时间长短等。咨询理财产品的目的不是投资，而是借助银行专业人士之口让孩子明白，除了活期储蓄、定期储蓄，还有很多其他让财富增长的途径，明白预期收益是和投资额度、持有时间长短、风险等相关的。家长要请银行工作人员在介绍产品的时候，不但讲清楚预期收益，更重要的是解释明白某产品的风险等级。头几次去银行，孩子未必理解不同产品的区别，不理解风险意味着什么，这不要紧。此阶段是教育阶段，建议只考虑储蓄。如果非要投资，可以投一些风险较低的产品。

儿子借钱给老子

如果有特殊情况，家长可以向孩子借钱，但需要和孩子说清楚还款时间和借款利息。2020 年 6 月，我家二楼的空调坏了。我请一位空调师傅来看了一下，需要给对方 90 美元现金。当时，我和太太钱包里加起来只有 70 美元现金。于是我和儿子商量，向他借了 20 美元。两天后，我还给了儿子 21 美元——两天 5% 的利息。这么做会让孩子从小就有产权意识：自己是存钱罐的所有者，其他任何人，包括自己的父母，都不能取走里面的钱。如果要借钱，可以，但需要给利息。只有给予罐里的钱才是无偿捐献出去的（给需要的人或机构，不是"捐"给父母去消费）。

这么做并不是要培养一个只认钱、不认亲情的冷血动物，而是要培养孩子追求财务独立的精神。家长有时可以和孩子商量，让孩子从花费罐里贡献一点"补贴"家用。比如，我们周末喜欢在好市多买一大盒 10 美元的比萨。我会问两个孩子愿不愿意各贡献 1 美元，帮助爸爸妈妈买一盒比萨。我虽然没有问他们，但我想他们吃着自己出了份钱购买的比萨一定觉得很香。

13 ~ 18 岁的孩子

父母给钱越多，孩子成绩越差

中学生的首要任务是学习。人的一生最有价值的投资是对教育的投资（这其中也包括财商教育）。大学阶段是人成长、成熟的关键时期。在"财富来自努力工作"一章，我探讨了中学生是否还要劳动的问题。学习和劳动并非零和游戏，中学生还是应该做力所能及的家务，还是可以利用各种机会适度地在外打工或实习。中学生劳动还有一个很重要、很现实的作用就是为上大学存钱！

对于多数中国家庭来说，孩子上大学四年的费用都是不小的开支。在公立大学，普通专业的学费为一年几千元；艺术类、中外合作办学的专业学费要高不少。加上生活费、住宿费、书本费等，一年下来的开支会有几万元。如果孩子今后要出国留学，家里的开销更要多出很多。如果孩子能够在中学六年期间通过自己努力存钱帮助家里减轻一点经济负担，对父母、对孩子都有益处。即使家里很富有，不差钱，让孩子负担哪怕很小一部分的上大学费用也是明智之举。

加州大学默塞德分校的社会学教授劳拉·汉密尔顿（Laura Hamilton）在深入研究了美国国家教育统计中心的数据后发现[1]：父母对孩子上大学的财力资助越大，孩子在大学阶段的成绩就越差。这种"父母资助力度—孩子大学成绩"之间的负相关性在最富有家庭群体中表现得尤为显著。汉密尔顿教授推测这种负相关性背后的原因是，那些从父母那里要多少得多少的学生可能没有那些不得不权衡财务投资和大学教育回报的学生那么认真对待自己的教育。她在采访一些家长后还发现，如果父母只是支付孩子上大学的费用，而没有好好地教导孩子对自己的教育承担起责任，孩子的大学成绩就相对较差。

我在布兰迪斯大学读博士的时候，有位美国同学叫杰里米（Jeremy）。我是在国内读过硕士并工作两年后才出国读博的，而杰里米是本科一毕业就直接读博士的。他的父母是做卡车运输生意的，根据他描述的生意规模，我推测他家里比较富有。虽然他和我一样，都是拿全额奖学金的，但他平时生活特别节省。有次我忍不住问他为什么，他说他要还本科期间的学生贷款。我问他为何他父母没有帮他支付上大学的费用。他说他们家没有这样的传统，父母的钱是父母的，他父母事实上帮助付了部分学费，他自己需要想办法解决剩下的花费。

---

1 Hamilton, Laura T. More is more or more is less? Parental financial investments during college. American Sociological Review 78, no. 1 (2013): 70-95.

两点半起床的报童

数学家出身的传奇基金经理爱德华·索普小时候家里很穷。他从小就不得不努力赚钱和存钱。在八九岁的时候，他爸爸有次给他5分钱让他将人行道上的积雪铲掉。他觉得这个生意不错，于是和所有邻居都谈成了同等条件的生意。结果在整整一天筋疲力尽的铲雪工作之后，他赚了几美元，几乎是他爸爸当时日工资的一半。

由于家里没有钱，他父母一直鼓励他存一些钱，以便有一天可以上大学。在1943年的秋天，只有11岁的他，就报名成了当地的一名报童。他在自传中写道："我每天凌晨2点半到3点起床，骑着我的二手自行车（不能变速的），大约骑行2英里（约3千米）的路到一条商店街后面的小巷子里。"他会和其他几个人在那里等报纸。当运报纸的卡车开到后，每个人会领一包报纸（100份），然后一份一份折叠好后（便于扔）放到自行车后面的帆布鞍袋里。

他通常会多领几份报纸以应付特殊情况——投得不好，投到屋顶上或水坑里了。如果特殊情况没发生，他会带上这多出来的几份报纸，骑车去附近的一个军营，以几美分一份的价格卖给士兵。没过多久，士兵们就邀请他在食堂里一起吃早饭了。当士兵们看报纸时，他就把火腿、鸡蛋、烤面包和煎饼塞进瘦骨嶙峋的身体里。善良的士兵们还经常将看完的报纸还给索普，鼓励他再次将报纸卖了。

索普每天凌晨要将报纸送达约100个家庭，每个月的报酬是25美元（相当于2020年的375.6美元）。这对于一个11岁的孩子来说，是一笔惊人的数目。然而，他的实得收入要少于25美元，因为报童必须从客户那里收取订阅费，收不上来的差额会从报童的既定报酬中扣除。

11岁的索普不单单会挣钱，而且懂得投资。每当他存的钱达到 18.75 美元时，他就会将钱换成美国政府发行的战争债券，这些债券在几年后到期时会值 25 美元。随着他积累的债券越来越多，他上大学的梦想似乎成为可能。[1]

当我几年前第一次读到这里时，我的眼睛是湿的。一个在数学方面充满天赋的 11 岁的孩子，一天只睡 5 小时，早上能够 2 点半起床打工，为自己上大学赚钱。这种吃苦耐劳的精神多么难能可贵！

大学基金

从孩子上初中起，家长就可以要求孩子将自己储蓄的一部分，甚至是大部分划归为"大学基金"了。在上大学之前，只能往基金里存钱，任何人都不能从里面取钱出来。建议家长将所要储蓄的钱具体化。假设大学每年的费用是 3 万元，四年的总费用是 12 万元，孩子同意支付总费用的 1/6（2 万元），孩子从初中一年级开始存钱，存款年利率是 3%，那孩子每个月要存多少钱才能使 6 年后高中毕业时的存款达到 2 万元呢（为了简化起见，假设孩子需出的资金在高中毕业的时候到位）？孩子每个月要存 253.87 元。如果是每年存一次，则每年要存 3091.95 元。

这样的财务目标对于一些富裕家庭的孩子来说是较容易达到的。每年的压岁钱、平时长辈们给的钱、过生日拿到的红包、自己干活儿打工赚的钱，这些钱加起来是能有几千元甚至上万元的。但对于其他的孩子来说，这样的财务目标可能不容易达到。

我们不希望过高的目标挫伤孩子的积极性。如果是这样，家长可以和孩子商量可不可以在中学六年期间，孩子存 1 万元，然后在大学四年期间自己再赚 1 万元。由于大学生的赚钱机会和自由时间（特别是在暑期中）要比中学生多很多，只要孩子愿意，四

---

1 Edward Thorp, A Man for All Markets, Random House, 2017.

年赚 1 万元应该不是太大的挑战。成绩好的学生拿的奖学金也许就能担负很大一部分开支了。

有利息高又安全的投资吗

中学生可以在家长的帮助下寻找利息相对高些，但又安全的储蓄或理财产品。根据 2015 年 5 月 1 日起在中国施行的《存款保险条例》，只要个人存在中国境内设立的商业银行、农村合作银行、农村信用合作社等吸收存款的银行业金融机构中的存款不超过 50 万元，其存款本金和利息合并计算的资金数额就是安全的。资金的安全由国务院决定的存款保险基金管理机构负责。在美国，负责储户资金安全的机构是联邦存款保险公司（FDIC），FDIC 确保储户不超过 25 万美元的资金安全。但是不是所有的银行都参与了FDIC 保险，因此，储户在某个新银行开户的时候要特别小心。这和中国不一样，凡是中国境内设立的银行业金融机构必须投保存款保险，唯一需要注意的是外国银行在中国境内设立的分支机构可以不投保（中国与其他国家或者地区之间对存款保险制度另有安排的除外）。

有了国家做后盾，如果孩子想完全没有风险，家长就指导孩子找存款利率最高的银行即可。中国人民银行针对活期存款和定期存款都有对基准利率的规定，但各大商业银行可以在基准利率基础上进行浮动。一般来说，小的银行、地方性银行为了吸引存款，提供的利率要比大的、全国性的银行高些。比如，在 2020 年10 月，三年期的整存整取央行基准利率是 2.75%，中国工商银行提供的利率就是 2.75%，江苏银行提供的同期利率就要高些，为3.10%，苏州银行的利率更高，为 3.575%。[1]

---

1 各银行的储蓄存款利率均取自各银行的官方网站。数据收集时间：2020 年 10 月 1 日。

家长可以让孩子找出一些银行的存款利率表（参见本章末的"梦想清单"），然后一起进行分析。我以 2020 年苏州银行人民币存款挂牌利率调整表为例，从这份表格中，孩子至少可以学到几个简单但非常重要的金融知识。

2020 年苏州银行人民币存款挂牌利率调整表[1]

单位：年利率 %

项目	央行基准利率	调整后苏州银行挂牌利率
		个人存款
一、活期存款	0.35	0.3
二、定期存款		
（一）整存整取		
三个月	1.1	1.441
半年	1.3	1.69
一年	1.5	1.95
二年	2.1	2.73
三年	2.75	3.575
五年	–	3.575
（二）零存整取、整存零取、存本取息		
一年	1.1	1.441
三年	1.3	1.69
五年	–	1.95
（三）定活两便	按一年以内定期整存整取同档次利率打六折执行	按一年以内定期整存整取同档次利率打六折执行

首先，公布的利率一般都是年化利率。比如三个月利率是 1.441%，不是说存 100 元三个月后就有 1.441 元利息收入，而是说存三个月只有 0.36 元（=1.441×3÷12）。

1 数据来源：苏州银行官方网站，收据收集时间：2020 年 10 月 1 日。

家长也许觉得这个太简单了，其实不然。我教授金融学 10 多年，每年都有相当一些美国本科生、研究生不明白这个简单道理。告诉他们 30 年房贷固定利率是 3%，借 50 万元，问：每个月还贷多少钱？不少学生想都不想就直接将 3% 作为月利率，而不是用 0.25%（=3%÷12）作为月利率，可见他们的基本金融知识是如此的缺乏。

其次，收益率是和储蓄（投资）期限相关的。一般来说，储蓄时间越长，年化利率越高。比如，整存整取 3 个月的年化利率只有 1.441%，而 3 年期的利率则高很多，达到 3.575%。但这个关系也不是绝对的。比如，三年期和五年期的利率是一样的。

事实上，在国外（如美国），有些时候，短期利率要高于长期利率。在 2019 年 8 月 14 日，美国两年期国债利率为 1.634%，而十年期国债利率则要低些，为 1.623%。在有些国家，利率甚至可能是负的——将 100 元放在银行，过一段时间取出来的时候，只能取出不到 100 元。比如自 2014 年 6 月开始，欧洲央行针对商业银行的存款准备金的利率就是负的。当然，商业银行也许不会收取个人存款利息，但商业银行可以针对存款收费。

再次，收益率是和灵活性密切相关的。灵活性，用金融术语表达就是"流动性"。如果你想随时可以将钱取出来——灵活性强，流动性高——你能得到的预期收益一般就会低。比如，活期存款的利率只有 0.3%。带有一定灵活性的定期存款，如零存整取、整存零取、存本取息等，利率就要比同期的整存整取利率要低。

最后，官网上公布的利率是指导利率。在实际执行中，各个银行的不同分行和支行可以在央行基准利率的基础上上浮 40% 到 52% 不等。因此，家长可以带着孩子到不同银行的柜台实地查询最优利率，不少银行还会提供开户礼品。

600 亿元锁在银行保险柜里

灵活性强的坏处是利率低，但好处是灵活啊！如果整存整取三年，虽然钱在努力地为你工作（帮你赚钱。用阿加米昔的话就是"你攒下的每一个金币都是你用来赚钱的奴隶"），但在这三年里你不能将钱取出来，或者取出来的代价很高。万一你忽然急需钱用，比如要看病，那怎么办？

针对这种情况，家长需要和孩子讨论应急基金的概念和重要性。无论是个人、企业、非营利机构，还是政府，都必须有应急基金。应急基金必须非常安全，而且流动性强。

高盛是全球第一大投资银行。小布什政府最后一任财政部部长是亨利·保尔森（Henry Paulson）。保尔森在做财政部部长（2006—2009）之前是高盛的总裁。在他担任总裁期间，高盛在纽约银行有一个保险箱，里面装满了（安全性、流动性最高的）债券[1]。高盛从未将这些债券用于投资或借出去。光是这些现金储备，高盛就积累了 600 亿美元。保尔森在他带有自传性质的《峭壁边缘》（On the Brink）一书中说："知道我们有那个厚垫子（应急基金），让我晚上能够睡得着觉。"

对于个人来说，在新冠肺炎疫情阴影笼罩下的新世界，应急基金的重要性更加突出。哪些属于需用到应急基金的情况呢？突然失业、意外生病、家里空调或电视这些耐用品突然坏了、亲戚朋友过世或需要照顾这些都属于需要应急的情况。

当然，是家长而不是孩子须负责应急基金的管理。一般的建议是家庭应急基金里面的钱应能够支付 3 ~ 6 个月的必要开支：饭菜钱（不是去餐厅的钱）、水电气费、电话费、房贷、车贷等。也就

---

1 我的理解是，保尔森这里说的是安全性最高的美国国债，其流动性也最高，近似于现金。

是说，即使家里在未来 3 ~ 6 个月内完全没有收入，一家人也能有资金体面地生活。

这些必要的开支虽然不需要孩子考虑，但家长也可以建议孩子自己设一个微型应急基金，比如 500 元，用于应付孩子自己的突发情况。比如，打篮球的时候眼镜坏了或出去玩的时候书包丢了。应急基金应放在活期存款或定活两便存款账户里，或者就放在家里的存钱罐里。

灵活性高还有一个好处就是如果近期有更好的投资机会出现，你可以把握住。比如，隔了一个月，苏州银行搞周年庆活动，将三年期的存款利率提高到 5%，或者企业以极低的价格让员工在企业上市之前购买股份。

这个好处和另外一个重要概念"机会成本"紧密相关。金钱或投资的机会成本就是，当我们把钱花在一件事上，或投资到某个产品中时，我们就不能把钱花在或投资在别的东西上，无论是现在还是以后，除非花掉的钱能收回（一般是不可能的），或投资的钱能回笼（一般要等到约定的投资期限结束后）。我将在"守住财富和投资的普世智慧"这章讨论这个重要概念。因此，家长和孩子在做储蓄决策时，需要平衡灵活性高导致的低利率和灵活性低带来的可能错过更好投资机会的成本。

一旦做好决定，接下来的储蓄产品挑选应该是相对简单的：因为在中国只要在同一个银行的存款总额不超过 50 万元，资金都是安全的。假如存钱的目的是在较长时间内让钱增值（比如，为 6 年后上大学用），而且可预见的未来没有什么太好的投资机会，那只要考虑利率高低就好。同样是 1 万元，如果存在工商银行 5 年，年化利率是 2.75%，5 年后账户余额是 11452.73 元；但如果是存在苏州银行，年化利率是 3.575%，5 年后账户余额就是 11919.96 元。

要多出 467.23 元。

稍微麻烦的是非储蓄银行理财产品，投入到这些产品中的资金是不受存款保险保护的。理论上讲不但预期回报可能实现不了，本金也可能会遭受损失。

但理论归理论，对于中国的银行，特别是大的银行或地方政府参与投资的银行来说，除非万不得已，客户投资的"稳健固收"类产品一般本息都是有保障的。原因是金融机构特别注重声誉。可以说在金融行业里，失去声誉和信任比亏损要严重得多。一旦声誉没了，哪怕这家金融机构之前再赚钱，也很快会被投资者抛弃。

如果某银行销售的本银行运作的"稳健固收"产品，预期收益为 3.6%，到期后未能支付任何利息，很可能会导致该银行在未来很长一段时间内卖不出去任何产品。与其这样，还不如咬咬牙足额支付预期收益给客户。

因此，对于有实力的银行、地方政府为第一大股东的银行销售的"稳健固收"类理财产品，基本可以放心买。

如果家长和孩子都想投资风险较低，但收益率又高于同期存款利率的产品，那就应该一同在网上收集不同银行提供的"稳健固收"类产品信息并进行比较。也许，更直接、更有教育意义的方式是走访几家附近的银行，听听银行业务经理介绍不同产品的特点。在理解（不仅仅是了解）了各个产品的特点（特别是风险）后，家长和孩子应根据孩子中长期的财务目标来确定选择哪个理财产品。明年想买一双新鞋和存钱用于 5 年后上大学开支的财务目标是完全不一样的，适合的理财产品也会大不同。

现在手机 / 网上银行非常方便和普遍。我不建议初中生用手机 / 网上银行，初中生最好亲临实体银行，使用纸质存折。无论是在商店里用现金交易，还是在银行柜台存取现金，那种摸着钱币的感觉可以让孩子感受到钱的那份沉重——无论是父母给的，还是自己赚的，都来之不易。这种感觉是使用电子形态的货币（网上或手机交易或转账）时所不可能有的。

但对于高中生，特别是从小就接受财商教育的高中生来说，家长可以考虑帮助孩子开通手机银行。在开通前，家长要和孩子约法三章。虽然孩子账户里的钱的所有权和正常情况下的使用权属于孩子，但家长有监督权和特殊情况下的否决权。比如，孩子要在网上购买任何非生活和学习必需品时，须咨询家长的意见。家长可以给出一个负面清单。如在花费方面，家长可以不允许孩子花钱在游戏上；在投资方面，可以不允许孩子投资任何股票、基金相关产品，不允许投资任何 P2P 平台产品，哪怕这些产品是通过银行 App 销售的。

这一章探讨的是如何让资产缓慢但很安全地增长。储蓄，借助复利的魔力和时间这个好朋友，可以让钱为我们工作，帮我们赚钱。利率的高低和储蓄期限、流动性、风险、资金额、银行实力等因素密切相关。我们的应急基金要放在安全性高、流动性强的账户／产品中。还有一个重要但经常被忽视的因素是机会成本。

梦想清单

和孩子一起找让资产增长的机会是很有趣的事情。

- 家长首先可以做的事就是：列出一个银行清单，可以包括几家全国性的商业银行（如交通银行、招商银行）、几家区域性银行（如宁波银行）、一家当地银行。让孩子找出这些银行最新的存款利率表。家长可以先用一个银行示例如何在网上寻找这样的信息，然后让孩子在网上查找其他银行的信息。有些小银行网上信息不全或未及时更新，可以让孩子直接到银行柜台去问。收集到所有信息后，让孩子逐一对比同期银行存款利率，让孩子说出为何利率有所不同。

- 对于中学生甚至是高年级的小学生，家长和孩子可以一起制订"大学基金"项目计划。家长根据家庭实际情况提出一个孩子需自己贡献的未来资金额。在得到孩子的认可后，大家商议如何存钱，是每个月存一次，还是每个季度存一次？每次存多少？存什么银行？选什么储蓄产品？是否需要购买非储蓄性理财产品？这个计划的关键是执行力。这是一个长期项目，而且涉及的是孩子一生中最重要的投资之一——大学教育，能否执行好需要有毅力、耐心和家长的鼓励与鞭策。

- 无论是大孩子，还是年纪尚小的孩子，都可以设立一个中期目标：几个月至一年后想购买的"大件"。当然高中生眼中的大件会和5岁小孩眼中的大件很不一样。孩子可以不告诉父母这个大件是什么。可以是一场球赛或演唱会的门票，可以是为自己生日买的裙子，可以是一套自己喜欢的丛书，也可以是一双特别的鞋，甚至是给父母的一个惊喜。确定实现这个中期目标的预算是多少，存钱计划是什么，如果这个预算相对于孩子的能力来说有点难度，家长可以提出一个特别匹配方案，或兜底计划。比如，按照孩子的能力，半年最多存500元，但孩子很想要一套600元的中英文对照丛书。孩子想多读书是好事，用自己挣的钱买书是大好事，应该鼓励。家长可以说："如果你能存到 400 元，剩下的钱爸爸妈妈帮你出。"但是，如果孩子想要的是个游戏机，可能就不宜鼓励。

- 家长和孩子一同设计孩子的应急基金计划：基金的总金额，应急事项包括哪些？打算多长时间存足金额？存在哪里？

- 对于低龄的孩子，家长请想出至少三种途径来锻炼孩子延迟满足的能力（如果想不出，不妨网上搜索一下）。

- 由于现在银行的利率均不高，为了鼓励孩子储蓄，无论孩子是将钱放在家里的存钱罐里，还是存在银行里，家长都不妨设计一个额外利息或匹配计划。

第五章

花费：防守赢得冠军

赚 2 亿美元都不够花

不少中国球迷熟悉并喜欢"打不死"的 NBA 退役超级球星阿伦·艾弗森。他在 14 年的职业生涯中仅工资收入一项就高达 1.55 亿美元，加上各种广告代言收入，他的总收入超过 2 亿美元。但根据 2020 年名人财富网站的数据，他在 2020 年的个人财富仅有 100 万美元[1]，还不够在北上广深买一套 100 平方米的房子。

为什么？最主要的原因是他花钱成瘾！据称，他外出旅行时随行人员能多达 50 人。他出手特别大方，常用各种汽车、珠宝、房子和昂贵的度假来款待自己的朋友和家人。在 2012 年 12 月，他因无法支付佐治亚州一珠宝商 90 万美元被告上法庭。在提交的一份正式文件中，退役不久的艾弗森告诉法官他的月收入是 6.25 万美元，但他的月开支是让人瞠目结舌的 36 万美元！在这 36 万美元中，大约有 12.5 万美元用于偿还各种债务，另外一大部分用于偿还抵押贷款。他还向法官承认，他每个月需要花 1 万美元购买

---

1 https://www.celebritynetworth.com/richest-athletes/nba/allen-iverson-net-worth/.

衣服，1万美元下馆子娱乐，另外1万美元用于购买其他食品杂货。

你也许会说艾弗森是个特例，其实并非如此。在美国，很多成名早、赚钱快，但受教育程度不高的职业球员财务状况一塌糊涂。根据2009年《体育画报》的一篇文章，35%的美国职业橄榄球运动员在退休后两年内就会申请破产或面临严重经济问题。大约60%的NBA球员、78%的橄榄球球员、很大部分的职业棒球大联盟球员会在退役后5年内破产。要知道在2009年，这些职业球员的年薪高的有数千万美元，最少也有几十万美元[1]，平均数百万美元。他们很多人年纪轻轻就成了百万富翁，但由于财商不高，不知道如何守住财，更不知道如何理财，花钱如流水：买珠宝、名车，送最贵的场边球票给朋友。

球员如此，那些突然获得飞来横财的人也是如此。2001年，一位名叫大卫·爱德华兹（David Edwards）的瘾君子，中了2700万美元的彩票头奖。但他很快就把钱挥霍一空：买了一栋价值160万美元的花园别墅、三匹赛马、一家光纤公司、一架小型喷气式飞机、一家豪华礼车公司、一辆价值20万美元的兰博基尼及其他许多奢侈品。爱德华兹和他的妻子又开始吸毒。他在短短几年内花光了所有的钱后，最后在一个到处是粪便的储藏室里悲惨过世。事实上，在美国近70%的彩票大奖获奖者在中奖7年内破产。[2]

历史上最伟大的音乐奇才之一莫扎特在他短短35岁的生命中创作了无数经典的音乐作品。在18世纪80年代，莫扎特的年收入高达1万弗洛林（当时钱币的一种），他曾经一场演出的酬劳就达到1000弗洛林。而当时的一般劳动者的年收入只有25弗洛林，一般上层人士的年收入也只有500弗洛林左右。很遗憾，他

---

1 有些边缘化的职业橄榄球运动员的收入比较低。
2 Nicole Bitett, Curse of the Lottery: Tragic Stories of Big Jackpot Winners, New York Daily News. 2016.1.12.

虽然赚钱不少，但有钱就花，经常花的钱远远超出他赚的钱。他和他太太住在维也纳高档小区的一个宽敞的大房子里，儿子上的是昂贵的私立学校，经常参加各种奢侈的娱乐活动，最后债台高筑（他太太生病也是原因之一）。[1]

节俭是最佳防守

在《邻家的百万富翁》这本书中，作者托马斯·斯坦利调研发现：一位典型的美国百万富翁从来没有花超过 399 美元去买一件正装，无论是为自己，还是为别人；50% 的百万富翁从来没有花超过 140 美元去买过一双鞋；有一半的百万富翁这辈子买的手表没有超过 235 美元，25% 的人最贵的表不超过 100 美元（最受富翁们欢迎的是精工表）；大约有一半的百万富翁不住在高档社区，很多人的生活水平远远低于他们的收入水平。在调研中，斯坦利还发现，富翁们通常对下面这三个问题的回答都是："是！是！是！"——"你的父母是否非常节俭？你节俭吗？你的配偶比你节俭吗？"

任何球队要获得冠军必须既懂得进攻，也懂得防守。在某些专家眼中，防守甚至比进攻更为重要。美国橄榄球传奇教练保罗·布莱恩特（Paul Bryant）有句名言："进攻可以卖门票（赏心悦目），防守赢得冠军。"

同样，在积累财富方面，财商高的人一般既懂得进攻，也善于防守。这里，进攻指的是有份好的、能不断发展的工作，会储蓄、

1 Barbara Maranzani, How Mozart Made – and Nearly Lost – a Fortune, https://www.biography.com/news/mozart-pauper-lost-fortune.

理财和投资；防守指的是在花费方面精明、节俭。在现实生活中，很多在财富上具有强大防守能力的人，即使不善于进攻，也很可能最终会超越那些进攻力强但不知或不屑于防守的人。

面包＋凉水让人变得有底气

富兰克林一生崇尚勤劳和节俭。他在自传中前后共36次颂扬勤劳和节俭的美德。节俭对他来说不仅是一种美德，也是一种乐趣。他曾经写了篇寓言来讽刺那些使用占卜棒，在森林里到处寻找海盗宝藏的寻宝人。他写道："本来很有见识的人，由于对暴富的过分渴望而被吸引做出这种行为，而通过勤劳和节俭获得财富这种理性和几乎是必然的致富方法却被忽视了。"这则寓言抨击了当时对快速致富的各种幻想，同时宣扬了他所崇尚的观念：勤俭节约才是真正的致富之道。

节俭还让富兰克林有底气说不。当他还是费城的一名年轻出版商的时候，一位客户出钱要求富兰克林在他的《公报》（ Gazette ）上发表一篇文章。富兰克林认为该文章是"下流的和诽谤性的"。他在决定是否违背原则拿客户的钱之前，对自己做了如下的测试：

为了决定是否刊登（这篇文章），我晚上回家，在面包师那里买了一个两便士的面包。面包加上水泵里的水就是晚饭；然后我把自己裹在大衣里，躺在地板上，一直睡到天亮。我的早餐是另一块面包和一杯水。在整个测试过程中我没有感到任何不适。在我发现自己可以这样生活后，我就下定决心，决不为了获得更舒适的生活而向腐败和作恶低头、出卖我的报纸。

富兰克林这种贫贱不能移的精神和古人颜回安贫乐道的精神如出一辙。孔子曾称赞颜回："一箪食，一瓢饮，在陋巷，人不堪其忧，回也不改其乐。贤哉回也！"意思是，每天一箪饭，一瓢冷水，住在贫民区的一间破房子里，一般人忍受不了这种清贫，而颜回却能安贫乐道，真是贤德啊，颜回！

人以群分，富兰克林的妻子黛博拉也特别节俭。富兰克林在自传中写道："对我来说，幸运的是，我有一个和我一样勤俭节约的妻子。"富兰克林在临终前写的一封信中给予了妻子更多的赞誉："节俭是一种让人富有的美德，这是我自己无法获得的美德，但我很幸运能在妻子身上找到它，她因此成为我的财富。"

富兰克林认为："勤俭节约是获取财富并由此获得美德的手段。"他的这种精神影响了一代又一代的美国人。19世纪著名的实业家、银行家和法官托马斯·梅隆（Thomas Mellon）在他的银行总部立起了富兰克林的雕像，他宣称富兰克林激励了他离开匹兹堡附近的家族农场，开始经商。他写道："我把阅读富兰克林的自传（他是14岁第一次阅读该书的）视为我人生的转折点。富兰克林比我穷，他通过勤俭节约变成了睿智、富有的伟人……我一遍又一遍地读这本书，就是想知道我是否可以用类似的方法做些事情。"

一滴焊料值几十万美元

洛克菲勒自小就特别节约。在回忆起青春往事时，他曾自豪地说："我买不起最时髦的衣服。我记得那时我从一家廉价服装店买衣服。店主将我能买得起的便宜衣服卖给我，这比去买我买不起的衣服好太多了。"有次他花了 2.5 美元买了一副毛皮手套来代替他惯用的羊毛连指手套。这对于严格节俭的他来说是一个严重失误。到了 90 岁，他仍然对自己年轻时这种令人震惊的"奢侈"行为嗤之以鼻："不，我至今还说不清是什么原因让我把那 2.5 美元浪费在一副普通手套上。"

洛克菲勒一家都很节俭。一次，他和 13 岁的女儿坐火车，他开心地对一个同行的旅伴说："这个小女孩已经开始挣钱了。你永远不知道她是怎么做到的。我清楚在用心管理煤气的情况下，家里的煤气费用平均应该是多少。我告诉她，如果实际费用低于这个数目，省下来的钱都归她。因此，她每天晚上都会四处走动，将不需要的煤气灯关掉。"

洛克菲勒的夫人塞蒂（Cettie）比他更节俭。当孩子们吵着要自行车时，洛克菲勒建议给每个孩子买一辆。"不，"塞蒂说，"我们只给他们买一辆。""但是，亲爱的，"洛克菲勒抗议道，"车子不贵。""是的，"她回答说，"这不是花多少钱的问题。如果他们只有一辆，他们就会学会分享。"他们的几个女儿平时都穿着简单的方格布连衣裙和旧衣服。儿子小约翰在 8 岁前一直穿裙子，因为他是家里最小的孩子，而上面三个都是姐姐。

洛克菲勒还将节俭的精神应用到企业管理中，因为他很清楚：省下来的钱就是赚的钱。19 世纪 70 年代，他视察了纽约市的一家工厂。在看到一台装罐机器用焊料将罐子密封后，他问厂里的专家："你们在每个罐子上用了多少滴焊料？""40 滴。"那人回答说。"你试过 38 滴焊料吗？"洛克菲勒问道，"如果没有，请用 38 滴焊料密封试试，然后告诉我结果会如何。"结果是，用 38 滴的时候有一小部分罐子漏了，但用 39 滴时没有漏的。因此，用 39 滴焊料成为所有炼油厂的新标准。洛克菲勒退休时仍开心地说：

"那一滴焊料，第一年为公司节省了 2500 美元。此后出口业务量飞速增长，比当时翻了一番、翻了两番，节省下来的钱也越来越多。每罐节约一滴焊料，就省了几十万美元！"[1]

甘节、安节与苦节

节俭是中华民族自古以来的优良传统。清代高拱京曾归纳出"俭之四益"："俭以养德、俭以养寿、俭以养神、俭以养气。"《格言联璧》则指出："俭则约，约则百善俱兴。"

真正节俭之人并非一毛不拔的吝啬鬼或苦行僧，更不是就金钱斤斤计较贪小便宜之人。节俭之人能够经济有效、有节制地花费。持正、适度的节俭是该花钱的时候绝不吝啬，该省的地方也绝不浪费。洛克菲勒坚持建造坚固耐用的厂房，这意味着更高的启动成本，但节省了维修费用。富兰克林是美国首任邮政局局长，当时年薪不菲，有 1000 英镑，但节俭又爱国的他将所有薪水捐给了独立战争期间受伤的士兵。周恩来总理生前一直是一个艰苦朴素的人，生怕浪费一丁点东西。他和夫人没有孩子，还收养了一些孩子。周总理临去世前只有 5000 多元的存款，他也吩咐人要把这些钱捐给国家。"中国百校之父"慈善家田家炳一生节俭，但捐助了 93 所大学、166 所中学、41 所小学。他在 2001 年将居住了 37 年的香港九龙塘大宅出售，所得 5600 万港币款项全数捐赠给内地几十所学校，自己则租住在面积约为 130 平方米的公寓楼中。

---

1 Chernow, Ron. Titan: The Life of John D. Rockefeller, Sr. Vintage, 2007.

有篇名为《人生节俭三境界》的短文讨论了《易经》中谈论节俭的三种态度，我觉得讲得很好。第一种态度是"甘节"，即甘于节俭，把节俭当成乐事；第二种是"安节"，即安然节制，不追求享受；第三种是"苦节"，把节俭当作苦事。我们应教育孩子以"甘节"为荣，以"安节"为常，以"苦节"为戒。

新冠肺炎疫情期间的节俭

在新冠肺炎疫情大暴发期间，美国很多家庭的收入下降了不少，几千万人失业。我所在的大学因疫情产生巨额赤字：州政府因自身财力不足导致给我们大学的补贴下降，国际学生大幅减少，美国学生因各种原因推迟入学或休学，住宿费/餐费/停车费等收入大幅下降，用于预防疫情的费用增加。作为州立大学，我们每年的收支是必须平衡的，如果收入无法提升，学校就必须缩减开支，结果就是从校长往下，所有人都降薪了，一些行政人员被裁，包括4名拒绝接受降薪的警察。

作为终身教授，我和我太太虽然收入有所下降，但不用担心失去工作，相比很多在餐馆工作的人来说算是幸运很多。疫情期间，纽约和新泽西的很多餐馆都被迫关闭数月，一些餐馆很可能会永久性关闭。但不管怎样，我们还得购物吃饭。由于担心新冠病毒，我们尽可能减少外出购物次数。于是我们华人就自己组织了几个熟食、点心、蔬菜、海鲜团购群，一方面可以支持当地的华人餐馆，另一方面也方便自己购物。任一品种，团购的人越多，打折就越多。比如，我们团购的做熟的北极虾，团购一盒11磅[1]才

---

1 1磅≈0.45千克。

40 美元，正常在超市买，每磅至少要 6 ~ 7 美元。一家单独买 11 磅虾太多了，一时吃不完，因此我们会和几个邻居一起团购一盒。团购的桂花鱼是每磅 9.75 美元，大概 10 磅一条起卖，超市里切成片的桂花鱼每磅要卖 18.99 美元。

疫情期间团购群的
一则宣传广告

我们并没有因收入下降就完全不吃虾或鱼了，而是用更经济、节制的方式去花费。如果在花费的同时，能够帮助当地中小业主，何乐而不为呢?

适合不同年龄孩子的花费建议

3 ~ 5 岁的孩子

"想要"与"需要"

对于学前儿童来说，家长的一个重要任务是逐渐灌输"想要"和"需要"的区别。我们成人一般都明白这两者的区别。"需要"是我们维持生活和工作所必需的开支。很多时候是经常性的开支，比如，基本的食品、衣服、水电开支等。"想要"是在基本生活需求以外的，用来满足某种生理或心理欲望的费用。想要的东西未必对自己有好处。

对于学前儿童来说，需要苹果和蔬菜，但想要冰激凌和薯片；需要喝牛奶，但想要喝甜甜的巧克力牛奶；需要吃鸡肉，但想要到肯德基吃炸鸡块；夏天需要裙子，但想要《冰雪奇缘》中艾莎公主式的天蓝色裙子；需要听家长讲故事、看绘本，但想要看电视和玩 iPad……

如今商家的广告和促销无处不在、无孔不入：电视、网络、校内营销，针对不同年龄层次儿童的促销活动，如交叉销售和搭售等。很多家长都被孩子纠缠过要买他们在电视广告上看到过的产品。一般这些广告中都会有一个或多个和他们年龄相仿的孩子在开心地享用着某些产品。研究者发现"电视广告促使小孩子吃了大量他们应该少吃的食物：含糖的谷类食品、零食、快餐和苏打汽水。"[1]孩子，特别是不到 8 岁的孩子，辨识能力差，容易上当受骗，轻易相信广告中说的话。2015 年，美国的疾病控制和预防中心发现，当时美国肥胖儿童的数量是 30 年前的两倍多。

家长能采取的一个反制措施就是尽可能减少孩子看电视的时间，坚决不能在孩子房间里放电视。这么做，一方面可以大幅减少孩子被动看广告的次数，另一方面还能降低电视节目对孩子想象力的束缚。有研究者做过实验，让孩子看了有白雪公主的电视节目，然后让他们画白雪公主，几乎所有孩子画出来的白雪公主都是一个模子出来的。而如果是让孩子看了书或听了故事后再画，孩子们画出的白雪公主就会各有不同。如果不得不让孩子看一些教育性节目，家长应尽可能给孩子看无广告的视频。

包装盒上诡异的眼睛

避开了电视广告，未必能避开各大实体店的广告和促销。有些厂商深谙销售之道，从产品的包装设计到产品在货架上的高度都会精心安排。康奈尔大学的研究人员对纽约州和康涅狄格州 10 家

---

1 Anderson, Sarah. Childhood obesity: It's not the amount of TV, it's the number of junk food commercials. UCLA Newsroom.

超市的 65 种麦片的陈列进行了研究[1]。他们发现针对孩子营销的麦片在货架上的平均高度是成人麦片陈列高度的一半。儿童麦片陈列高度平均约为 54 厘米，而成人麦片的高度则为 122 厘米。更让人觉得有点诡异的是，儿童麦片包装盒上人的眼睛的平均凝视角度为向下 9.6 度——为的是让包装盒上的人物能够和孩子的眼睛有直接交流；而成人麦片包装盒上的人物则是直视前方的。研究者发现眼神交流能将品牌忠诚度提高约 16%。

因此，家长带 3 ~ 5 岁的孩子去超市的时候可以做三件事。第一，如果超市有购物车，可以让孩子坐在购物车里，这样孩子的视线基本就和大人持平了，减少了孩子被诱惑的机会。

第二，也是更重要的，要不厌其烦地告诉孩子哪些东西是"需要"的，哪些是"想要但不是必须买的"。需要的东西放入购物车，而想要的放回货架。家长可以偶尔满足孩子的特别需求，比如，巧克力，但是最好在进超市前就和孩子商量好今天可以买一块巧克力，但不会买其他你想要的东西。这样会让孩子有个明确预期，而不至于到了超市因不能买自己喜爱的东西而哭闹。

第三，家长可以放一两件非必需品在购物车里，在结账的时候，有意地将不足的现金交给孩子，让孩子将钱交给售货员。比如，如果买下所有东西需要支付 350 元，家长可以只给孩子 300元。收银员肯定会说钱不够。这时你可以问孩子怎么办：哪些必须买回家，哪些可以不买？这样做能产生两重功效：首先，能让孩子明白钱物之间的交换关系，只有付了钱才能拿走货物，没付钱就不能拿走；其次，让孩子明白父母的钱不是花不完的。

---

1 Musicus, Aviva, Aner Tal, and Brian Wansink. Eyes in the aisles: why is Cap'n Crunch looking down at my child?. Environment and Behavior 47, no. 7 (2015): 715-733.

包在糖纸里的小肥皂

我小时候在妈妈厂里上幼儿园。我那时候特别喜欢吃糖，特别是上海的大白兔奶糖。有一次，妈妈的几个爱开玩笑的同事将一小块肥皂包在大白兔奶糖的糖纸里逗我。我毫不意外地一把抢过"糖"，剥开糖纸就将肥皂放在嘴里，咬一口然后"哇"的一声吐出来。我至今还记得，我妈因这事还和两位同事吵了一架（放到现在，一些家长估计都会报警了）。

事实上，是孩子都会上包装的当。斯坦福大学的研究人员研究了 63 名年龄在 3～5 岁的儿童的食品偏好。他们让孩子们品尝五种食品：鸡块、汉堡、薯条、小胡萝卜和牛奶。鸡块、汉堡和薯条来自麦当劳，小胡萝卜和牛奶则来自超市。每种食品都被分成相同的两份，一份放在麦当劳的包装纸或袋子里，另一份放在没有麦当劳标志的类似的包装纸或袋子里。

研究者让孩子们随机地先尝其中一份食品，接着再尝完全一样但包装不一样的另外一份。然后问孩子两种食品的味道是否相同，或者他们认为哪种食品的味道更好。无论是鸡块、汉堡、薯条，还是小胡萝卜和牛奶，绝大多数的孩子认为"来自"麦当劳的产品更好吃。也就是说，孩子不但喜欢麦当劳卖的东西，还真心觉得和完全一样的东西相比，有麦当劳包装的要好吃些。研究还发现，家里电视多的孩子和经常在麦当劳吃饭的孩子更喜欢麦当劳包装袋里的食品。

"即使是对于 3～5 岁的孩子，品牌效应的影响也是非常强的。麦当劳这家公司很显然知道自己在做什么，没有其他公司花这么多的钱在针对孩子们的快餐广告上。"研究人员托马斯·罗宾逊（Thomas Robinson）指出。[1]

---

1 Krista Conger, McDonald's has a hold on preschoolers' taste buds', Stanford Report, 2007.8.8.

家长可以和孩子做两个类似的实验。第一个实验，家长用大白兔奶糖糖纸包一小块胡萝卜，再用其他一般的糖纸包一块真正的大白兔奶糖，然后让孩子选择。第二个实验，家长从麦当劳买一份鸡块，一半用麦当劳的包装纸包着，另外一半用其他干净的包装纸包着，然后让孩子品尝并说出哪个好吃。这两项实验都可以让孩子明白包装和宣传未必可靠，需要谨慎消费。

第一个实验传递的信息是，在一些情况下，包装宣传的可能和实际的不一样。这一点非常重要。等孩子长大后，面对重大消费或投资决策时，一定要做足前期研究和分析。而研究的一个环节就是检查宣传的是否和实际的一致。我的一个朋友几年前花了1000多万元买了一套所谓的"江景房"，开发商在前期宣传的时候大肆宣传"江景"。但实际上房子只有其中一个房间的一扇窗户能看到江的一角，其他任何地方都看不到江的影子。

第二个实验传递的信息是，心理感受会受外在宣传的影响，而这种感受可能是不准确的、有偏差的。孩子如果能早日明白这一点，长大后能少花不少冤枉钱。在美国，一种新药经食品和药物管理局批准后的专利保护期一般是20年。保护期过后，任何医药公司都能生产药效相同的仿制药。有时同一家公司自己生产仿制药，称为"授权仿制药"。相比原有品牌的同种药，仿制药功效一样，但要便宜很多。但医药公司在销售两个品牌的同类药时，往往会花大力气去促销高价格的那个，让不明就里的人感觉高价格的药品功效要更好，从而花了冤枉钱。

在《选择：为什么我选的不是我要的？》（ The Art of Choosing ）一书中，哥伦比亚大学商学院教授席娜·伊加尔（Sheena Iyengar）还举了一个对比更强烈的例子。在美国，绝大多数地方的自来水是直接可以喝的，但是有不少人还是愿意支付1000倍的价格购买瓶装水，认为瓶装水更卫生。然而，事实是，美国 1/4 的瓶装品牌水就是自来水，来自供应家庭和公共饮水机用水的市政水源。而且，和瓶装水标准相比，美国联邦和地方政府为自来水设定的质量标准更为严格，执行力度也更强。

6～12 岁的孩子

好市多和韩亚龙

小学生应逐渐懂得数量、质量和价格之间的关系。一个很好的教育孩子如何花费的途径是经常带他们去买菜。

我家所在的城市叫李堡，这座城市中有两家好市多超市，其中一家是一般的好市多，和上海开的中国第一家好市多差不多；另一家是针对餐馆和小业主的商业中心（business center），商业中心不销售衣服、玩具、大多数季节性物品和其他小的家居用品。商业中心的特点是商品量大。比如，在一般的好市多，鸡蛋最多是 60 个一盒起卖的；而在商业中心，鸡蛋是 15 打 180 只一箱起卖的。商业中心卖的冰箱也是超大型的，比较适合餐馆，而不太适合家庭。

李堡还是个韩国城，有很多韩裔美国人聚居。因此，我们周围有几家韩国人创办的连锁超市——韩亚龙（Hmart）。韩亚龙有很多好市多买不到的新鲜蔬菜和亚裔喜欢的食品和调味品，比如豆腐、白萝卜、韩国烤肉、中国香醋等。

我们一般每周购物一次：先去好市多，然后去韩亚龙。在好市多购买面包、水果、袋装的西蓝花、蘑菇、各种肉类、牛奶、鸡蛋、油、面等。在韩亚龙购买一些蔬菜、散装的水果和调料。在新冠肺炎疫情期间，我们变成每三周出去购物一次，每次买的量会特别大。

　　儿子上小学后，我就有意识地培养他对价格和数量之间关系的理解。我有次问他："好市多有鸡蛋，韩亚龙也有鸡蛋，为什么我们总是在好市多买鸡蛋呢？"

　　"因为好市多的鸡蛋好吃？"儿子一开始不明就里地说。

　　"不是！"

　　"因为好市多的鸡蛋多？"儿子注意到我们每次从好市多买的鸡蛋都装在一个很大的双层盒子里，而韩亚龙的鸡蛋都是小盒装的，每盒最多 18 只。

　　"嗯，接近答案了！但也不是，我们在韩亚龙也可以一次买很多盒啊！"我回答道。

　　"那我就不知道了！"儿子摇了摇头说。

　　"是因为好市多的价格便宜！"我不再为难他了，"如果 60 只鸡蛋花了我们 6 美元，1 美元能买几只鸡蛋啊？"

　　"能买 10 只鸡蛋。"数学一向很好的儿子脱口而出。

　　"很好，那如果只买一小盒 12 只鸡蛋，需要花 2 美元，1 美元能买几只鸡蛋啊？"我问他。

　　"能买 6 只鸡蛋。"儿子回答道。

　　"那你觉得是一次买 60 只鸡蛋便宜，还是买 5 盒 12 只装的鸡蛋便宜呢？"我追问他。

　　"那应该是买 60 只便宜吧？"儿子似乎明白了我想说的道理。

　　在这之后，每次购物，我都会时不时地问问他类似的问题。比如，孩子特别喜欢

位于新泽西 Teterboro 的好市多

吃好市多的比萨。如果单买一片是 1.99 美元，但如果买一整张比萨（6 片）则要花 9.95 美元。我们一家一般一顿能吃 5 ~ 6 片。我会问儿子："我们是买 6 个一片装的呢，还是买一整张呢？""买一整张！"这个账他算得过来：6 片单独买需要将近 12 美元，而买一整张只需要不到 10 美元。有时候，有些食品降价是所有盒降固定的金额，但每盒的重量会有所不同。比如，一盒肉无论轻重一律降价 4 元，这时如果选择最轻的一盒肉，最后打折后的单价会最低。

这样的例子在生活中有很多。家长可以利用在餐厅点餐的机会让孩子学习如何经济消费。一般来说，在所有的快餐店，像麦当劳、肯德基，买套餐都会比单独买便宜一些，而且套餐一般都可以换产品。比如，汉堡套餐一般配薯条和可乐，如果不喜欢薯条和可乐，可以要求换成其他产品。在美国，麦当劳都有"1 美元菜单"，包括麦基肯、芝士汉堡、软饮料、香肠卷饼等单品都是 1 美元。相比动辄 3 ~ 5 美元的汉堡，这些 1 美元菜单中的食品还是很经济实惠的，很多美国人都会点，包括百万富翁。[1]中国的麦当劳可能没有低价菜单，但会经常搞促销活动，这些都是非常好的"可教时刻"。

家长不要认为孩子太小，还不能理解这些，不要轻易错过教育孩子省钱消费的机会。其实，很多时候我们都低估了孩子的学习和理解能力。洛克菲勒在很小的时候就知道按磅买糖果，分成若干小份，然后以不小的利润率将一份份糖果卖给他的兄弟姐妹。在美国 20 世纪 30 年代"大萧条"时期出生的对冲基金经理爱德华·索普（Edward Thorp）小时候曾从爸爸那里借了 5 美分，买了

1《邻家的百万富翁》中就举了一位身价百万的女士经常从"1 美元菜单"中给孩子点餐的故事。

一大包 Kool Aid 饮料，然后分成六杯，以每杯 1 美分的价格卖了出去，总共赚了 1 美分。

家长在教育孩子多买可以便宜的时候，请不要忘记向孩子解释买太多反而可能造成浪费的道理——太多了一时用不了。对于水果、蔬菜来说，时间一长很可能会坏掉，或不新鲜，这反而会造成浪费。因为好市多的苹果一买就是一盒，不能挑选，而且苹果易坏，我们一般会在韩亚龙买 5 到 6 只苹果。买的时候，我们会让孩子和我们一起挑选：将苹果转一周看是否有坏的地方。对于不同品种、不同价格的苹果，我们会向他们解释每种苹果的不同：为何有些苹果是 99 美分一磅，有些是 1.49 美元一磅；富士苹果的口味和嘎啦苹果的口味有何不同。

即使对于那些不会坏的物品，如卫生纸，也不宜买太多（在新冠肺炎疫情爆发期间，一些美国家庭一下子买了好几年都用不完的卫生纸）。因为一是占地方，二是占用资金，将卫生纸放在家里是不会自动生产额外的卫生纸的（虽然也能抵御价格的上升），但钱放在银行是有利息的。

提价一倍销量涨 50%

相比数量，商品的质量很难把握。我们大人在很多时候也会犯低级错误。在一项有趣的研究中，来自加州理工学院和斯坦福大学的研究人员要求一些初涉葡萄酒品鉴的人对五种不同的葡萄酒进行品尝并打分，这些葡萄酒所标的价格从每瓶 5 美元到 90 美元不等。当品鉴人不知道每种酒的价格时，他们对五种酒的打分基本一样。但当他们得知每种酒的价格后，他们会认为价格更贵的葡萄酒更好喝。但这些人所不知道的是，他们实际上喝的是装在不同瓶子里的同一种酒！

实验经济学家乌里·格内齐（Uri Gneezy）和约翰·利斯

特（John List）曾帮助加州一家酒庄为一款解百纳红葡萄酒（cabernet）定价。[1]该酒庄之前是根据附近其他酒庄类似红酒的价格、去年的价格，甚至是直觉等来定价的，价格设定的是 10 美元一瓶。格内齐和利斯特所做的实验是：在一周的不同天，为解百纳设不同的价格（其他品种的酒的价格保持不变）：10 美元、20 美元和 40 美元。几个礼拜后，实验的结果显示，当定价 20 美元时，游客购买解百纳的可能性比定价 10 美元时高出近 50%！也就是说，当酒庄提高价格时，酒变得更受欢迎，酒庄的整体利润因价格改变而提升了 11%。

价值几千元的保修不如眼下少给 500 元吗

当然，酒是一种特殊的商品，其质量很难衡量，而且每个人的口味也不一样。我们对多数商品和服务还是能知晓其质量的。一般来说，同一商家出售的同一种商品，价格高的质量会高些或功能会齐全些。作为家长，我们可以和孩子分享我们消费的决策过程。比如，家长在考虑买新手机的时候，可以将孩子拉到边上，将不同手机的价格、最主要的性能（通话质量、照片像素、内存容量、电池使用时长、安全性、外观等）当着孩子的面对比分析一下，让孩子明白做消费决策，特别是对于一次性大件商品的购买做消费决策时，需要考虑多种因素。

家长还可以趁机和孩子强调一下退货政策和保修承诺的重要性。相比其他因素，厂商承诺的保修价值看不见，摸不着。在 2017 年，我曾带着我们大学的一群高级工商管理硕士班的学生到上海大众参观学习，大众的一名德国经理讲了一个值得深思的实例。他说他们曾在上海推出一个促销活动，将新车的保修期延长了

---

1 List, John, and Uri Gneezy. The why axis: Hidden motives and the undiscovered economics of everyday life. Random House, 2014.

一年，根据内部核算，多一年的保修期对于购车人的价值在几千元人民币左右。但是促销的效果很不好，购车人宁愿接受厂商直接降价 500 元。他说如果在德国，多数德国人会选择多一年的保修期。

最好的礼物是没有为孩子做的

不是所有东西都需要买，也不是所有东西坏了、破了都需要换新的。世界顶级创新管理学家克莱顿·克里斯坦森在回顾自己一生时，认为他从父母那里得到的一些最好的礼物不是来自他们为他做了什么，而是他们没有为他做的事。

克里斯坦森的妈妈从来就没有帮他补过衣服。他上小学时，有一次拿着两只非常喜欢的破了的袜子去找妈妈帮忙。妈妈让他将针穿好线再来找她，他花了将近 10 分钟才完成这件事。随后她取了一只袜子，教他将针从破洞的外围插入与拔出，而不是前后穿过破洞，随后轻而易举地就把袜子上的洞缝好了，最后她还教他如何将线剪断并打结。随后，她把另一只袜子递给克里斯坦森，就去忙她自己的事情了。在上三年级时，克里斯坦森扯破了牛仔裤，拿着扯破的裤子去寻求妈妈的帮助，问她能否缝好它。妈妈教他如何开启和使用缝纫机，包括如何将针线转换为锯齿形。她还告诉克里斯坦森她会怎么做，随后就走开了。克里斯坦森最开始站在那儿毫无头绪，但是随后就坐下来，并把裤子缝好了。

用克里斯坦森自己的话来说："尽管这些都是非常简单的事，但代表了我生命中的一个决定性的时刻。它们教会我任何时候只要有可能，都应该靠自己来解决问题，它们给了我解决问题的自信，它们还让我体验到了完成这些事情时的自豪。虽然很可笑，但是每当我穿上袜子，看着我补过的地方，我都会想：我补好了它。我已经不记得那条李维斯裤子的膝盖处被我补成什么样了，但是我可以肯定那一定不好看。当我看着它时，我想：也许我没有很漂亮地完成缝纫工作，但是让我感到骄傲的是我自己完成了它……一些妈妈可能会不愿意让别人看到自己的小孩穿着这样的破衣服，因为那说明了家里经济的拮据。但是我想，我的妈妈看的不是我的裤子，而是看我，她也许在想：儿子做到了。"

孩子身体长得快，衣服也不耐穿。如果亲戚朋友或同事邻居家里有大孩子不再需要的衣服鞋子，或者老大穿用过的，完全可以旧物利用。我家帮两个孩子买的新衣服比较少，孩子的衣服大多来自亲戚朋友的"救济"。孩子衣服破了，我太太也会缝上让孩子继续穿。孩子也没有觉得穿有补丁的衣服有什么不好，周围的很多孩子衣服也有补丁。

自己修的被儿子跳坏的凳子

在新冠肺炎疫情期间，儿子一时兴起试图从弹钢琴的凳子上跳到边上的沙发上，结果将凳子搞坏了，两个支撑凳面的木块都断了。我并没有花钱买一个新的凳子，而是在车库里找出了一块木板，将两个支撑木板换了，修好的凳子虽没有之前好看，但依然好用。我没有将换上的木板漆成凳子的黑色，目的是提醒儿子要爱护自己的物品。我和儿子说："如果因为你的原因凳子再坏了，你要么像爸爸这样将凳子修好，要么用自己攒的钱买个新凳子！"

13～18岁的孩子

对于中学生来说，一方面，他们的消费观易受同学、朋友、影星、球星、网络红人的影响；另一方面，虽然他们的判断力、分析能力尚弱，但他们的财力（包括家长给的和自己攒的）和一旦犯错造成的潜在破坏力却比低年龄的孩子强很多。

　　家长要把握好一个基本原则：家长负责孩子生活、学习必需品的开销；对于非必需品，孩子如果一定要买，让孩子用自己的储蓄购买。比如，家长购买孩子的运动鞋，甚至可以买一般的品牌球鞋。但是如果孩子要买新款蜘蛛侠限量版耐克鞋，对不起，请孩子用自己攒的钱买。

　　即使孩子自己可支配的钱足够买一些非必需品，家长也要让孩子在消费前咨询自己，必要的时候可以说不。比如，孩子想买的限量版耐克鞋价格是 1000 元。你可以和孩子说："爸爸可以帮你买一双 500 元的也非常好穿的鞋，如果你真的想要限量版的，爸爸也不拦着你，但你需要自己出额外的 500 元。记着，如果你花了这 500 元钱，你可能就没有足够的钱买周杰伦下个月演唱会的门票了。你自己攒钱不容易，不要急着做决定，你想几天，周末再做决定。一旦做出决定就不要后悔！"

　　这么和孩子沟通会让孩子更容易接受我们的建议。而且不要急着做决定，等上 1～2 天无论对于孩子还是大人来说都是很好的消费习惯。我们往往会发现前一天强烈的购买欲在隔了一天后变得不那么强烈了，甚至会觉得还是不买的好。

　　父母可以在家里根据实际情况做个规定：孩子如果想用自己的钱购买超过 200 元的东西，须咨询爸爸妈妈的意见，而且不能当天做决定，须隔上两天。父母任一方如果单独决定购买超过 1000 元的物品，须至少 24 小时的"冷静期"。

　　在坚持消费基本原则的基础上，家长的首要任务是防止孩子因受外部压力而过多消费或超过自身承受能力消费，其次，就是要防止被骗。

看到银联标志就想花钱

学者和商家早就发现，人们在使用信用卡消费时会比使用现金时更阔绰。比如，研究发现身上信用卡越多的人每次逛商店消费额就越高。30多年前，普渡大学的理查德·范伯格（Richard Feinberg）教授在学校附近的餐馆做了一项经典的研究顾客消费行为的实验。他在一些餐桌上放了信用卡的标志，在其他餐桌上什么都没放。他发现那些看到信用卡标志的顾客消费得更多，给小费也更慷慨。"当这些刺激（信用卡标志）出现时，人们就会花更多的钱，"范伯格说，"就像巴甫洛夫发现狗听到与食物相关的声音时会流口水一样，人们已经习惯于将信用卡与消费联系起来。"[1]

在另外一项里程碑式研究[2]中，麻省理工学院营销学教授邓肯·西姆斯特（Duncan Simester）和同事德拉赞·普莱克（Drazen Prelec）以工商管理硕士学生为研究对象，举行了一场篮球和棒球比赛门票拍卖会，拍卖的是两支当地球队波士顿凯尔特人队（篮球）和波士顿红袜队（棒球）的比赛门票。部分研究对象被告知必须用信用卡支付，其他人则被告知只能用现金。两位教授发现当信用卡是支付选项时，学生平均愿意支付的价格大约两倍于他们愿意用现金购买相同球票的价格。要知道这些麻省理工学院的工商管理硕士学生绝大多数是在世界顶尖公司有几年工作经验的成年人，智商和情商绝对不会差。但他们在用电子方式付款时，居然会愿意用高出用现金支付时的心理价格这么多的钱去消费。

我分享这两个经典研究的目的是想说明一点：如果成年人在使

---

1 Nelson Schwartz, Credit Cards Encourage Extra Spending as the Cash Habit Fades Away. The New York Times, 2016.3.25.

2 Prelec, Drazen, and Duncan Simester. Always leave home without it: A further investigation of the credit-card effect on willingness to pay. Marketing letters 12, no. 1 (2001): 5-12.

用信用卡的时候都无法控制自己，更别说孩子了。

家长绝对不能将自己的信用卡、支付宝账号和密码给孩子。如果孩子住校，家长应尽可能给孩子现金，但不要给多，以防止丢失。如果孩子每个周末回家一次，给够五天的生活费就可以。如果不得不使用电子支付方式（有些商家拒收现金），家长可以给孩子一张借记卡，里面只放五天的生活费。如果万不得已必须使用信用卡，可以将信用卡的额度设定在几百元以内，家长须记得及时付信用卡账单。

谁划走了我的钱

我们时不时听到有"熊孩子"用爸妈的手机给游戏充值或打赏主播几千元甚至几十万元的新闻。现在很多老师是通过手机和家长、孩子沟通的，这就给了游戏商家、网络骗子可乘之机。

家长有时会将自己的手机给孩子上网课用，孩子在学习之余，会打开父母玩的游戏或者自己下载喜欢的游戏。不少游戏在登录下载时不需要实名认证，然后孩子在游戏中可以通过家长的微信或支付宝给游戏充值。而且一些游戏不需要使用密码就可以支付成功。

不少游戏容易让人上瘾，一般玩玩是免费的，但要玩得"好"或要晋级，就需要花钱不断买"装备"。而缺乏财商教育的孩子对货币特别是电子货币没有深刻理解，他们在网络上打游戏或看网络直播时，如果在兴头上，能够不假思索地充值或打赏。家长发现后如果处理不当，轻则会造成家庭矛盾，重则会造成悲剧。

2020年5月，辽宁省葫芦岛市的一位初三少女在家跳楼身亡，结束了14岁的生命。[1]在自杀前的一个月，她背着父母在一款名为

1《14岁女孩玩游戏充值6万被发现后自杀》，《新京报》，2020年6月8日。

《龙族幻想》的游戏中消费 108 笔，金额共计 61 678 元，把游戏中的角色装扮成住在别墅里的小女孩。可怜的孩子留给妈妈最后的短信是："妈妈，是我干的，我不想活着了。"

家长所能做的有几点。

首先，也是最重要的就是，从小注重对孩子财商的培养。这也是我写这本书的出发点。如果孩子从小就明白现金、信用卡、网络 / 手机支付的区别，知道电子支付也是真真实实的支付，如果孩子从小就明白想花钱就必须努力挣钱而不能完全依赖父母，如果非要充值或打赏就必须用自己攒的钱，如果孩子从小就接受节俭是一种美德的教育，认同哪怕是 1 分钱也不能挥霍，那孩子很可能就不会那么大方地充值或打赏。

其次，家长要做好控制措施，只要有条件就绝不将自己的手机给孩子用。如果手机是孩子上学不可缺少的东西，给孩子单独准备一个功能简单、较便宜的手机。该手机不和任何支付软件捆绑，不能装任何游戏。学习就是学习。为了防止孩子未经许可偷偷用家长的手机，家长可以在需要限制使用的软件上加上应用锁，这样，孩子在打开某游戏时就必须输入密码或者用指纹解锁。应用锁的密码应该和手机解锁密码不一样。孩子即使可以偷偷打开手机也必须经家长同意才能使用该软件。

是 A 牌子还是 B 牌子

在买菜购物方面，中学生应该成为父母的好帮手了。对于一些简单的、常规的购物决策，家长可以时不时放手让孩子去做。对于比较重大的消费决策，家长可以让孩子参与前期的研究与讨论。家长放手的程度和孩子参与决策的程度取决于孩子在消费方面的锻炼程度。

如果孩子从小就经常和父母一起逛超市购物，而且父母也一直有心告诉孩子消费过程中的种种窍门，那中学生在消费方面的财商应该已经不低了。

家长可以给孩子做一个测试：根据家里的需求，列出一张超市购物清单，清单上写5样左右（第一次不要太多）需要购买的物品，清单须尽可能详细。比如，3000毫升左右的鲜牛奶、6个中等个头的苹果、2打鸡蛋等。

给孩子一支笔和一个小本子。在去超市前，提醒孩子有些东西有多种品牌，有些会有促销活动，比如牛奶。如果家里并不固定买某个品牌的牛奶，家长可以建议孩子看看哪种牌子在促销，用纸和笔比较几个牌子的价格（每500毫升花多少钱）。

家长还可以提醒孩子，如果实在拿不定主意，不要害羞，可以请教售货员或其他购物的客户，但不要请教在超市为某个品牌做促销的人，因为促销人员很可能会推荐他正在促销的产品——那未必是我们想要的或是最佳的。

家长应要求孩子在将某种物品放入购物车的时候，在小本子上简单记下为何选这个特定物品。例如，今天没有买A牌子鲜奶而是买了B牌子鲜奶，原因是B牌子今天正好促销，算下来的单价最便宜。买了5.99元一斤的苹果，没有买8.99元一斤的苹果。原因是贵的苹果虽然大些，但大得不是太多，觉得不划算。

最后要让孩子记住结账时要收好收据，根据收据核对购买的东西，看价格和数量是否对得上，对上后才能离开超市。这是为了帮孩子养成做事仔细的习惯。我在好市多就有过两次被多收钱的经历，原因都是售货员无意间将某种物品算了两次。如果没有仔细核对的习惯，就根本不会发觉自己重复付钱了。

嘱咐好后，家长可以带着孩子到超市，估计好总的花费，将相应的现金交给孩子（可以多给几十元钱，不要让孩子第一次单独购物就经历钱不够的尴尬），然后在超市门口等孩子，可以和孩子说好 20 分钟后要出来。如果是第一次让孩子单独购物，可以带孩子到附近一个不大的超市，这样孩子选择的时候难度会小些。小超市还有一个好处，就是家长可以远远地看着孩子，心里踏实些。

孩子从超市出来后，家长不要急着带孩子离开。要和孩子一起再次核对一下购物清单、买的东西和收据，三者都要对上。如果孩子忘记买某件物品了，家长应坚持让孩子返回超市将该物品买回来。

如果孩子多买了清单上没有的物品，需要分情况处理。如果孩子是因为经受不住诱惑，夹带"私货"（如多买了一块自己喜欢的巧克力），家长应要求孩子自己支付。如果是因为某商品在促销，孩子觉得家里可能会需要，一时冲动就自己做主买了，家长不要当场责备孩子，也不要让孩子退货，而要回家后和孩子分析一下这么做的弊端。如果多买的商品是家里根本派不上用场的，放在家里可以时时提醒孩子冲动购物的后果。家长只多给了孩子几十元钱，多买的商品花费不会太高。让孩子在小的时候，在可控的环境下犯下可控的错误，要远比让孩子长大了在社会上犯下大错误强得多。如果多买的商品是家里可以用得上的，家长也要和孩子说明白："爸爸妈妈之所以给钱让你帮忙采购，是信任你。爸爸妈妈只请你买这 5 样东西，并没有请你买这件。如果你非要买，你需要获得爸爸妈妈的许可。下次千万不要这样。"

1986 年 6 月 13 日，芒格在哈佛大学毕业典礼上的演讲中指出，如果任何人想过一种悲惨人生的话，第一个要做的就是"不靠谱"（unreliable）——把你做的事当儿戏。"如果你习惯性地做事不靠谱，仅这一样就会将你其他所有美德全部抹去。你一旦深谙不靠谱之道，你将永远扮演龟兔赛跑中的那只兔子。唯一不同的是，寓言中的乌龟是只优秀的乌龟，而你在现实中会被成群成群的普通乌龟，甚至是拄着拐杖的普通乌龟赶上！"

按照清单购物，既不多买也不少买就是一种靠谱。

回到家后，家长应和孩子一起将买的东西和小本子上写的购买理由对照起来讨论。如果孩子做得好，家长要充分地称赞孩子；如果做得不足，家长要告诉孩子应该如何提高，下次购物的时候需要多注意哪些方面。这样几次后，我相信孩子会很快成为购物达人！

知道如何购买生活必需品后，下一步可以培养孩子精明地在网上购物的能力。可以从孩子自己需要的东西开始，比如，新书包。家长可以先陪着孩子在线下逛几家卖书包的商场，让孩子了解书包的不同款式、功能、牌子、价格等，对于看上的几个书包，拍几张照片。

回到家后，在上网购物前，家长首先要和孩子商量好预算，这个应该由家长来定。家长可以告诉孩子预算是 200 元，如果孩子花费低于 200 元，多出来的钱孩子可以买其他学习用品或自己存起来。如果花费超过 200 元，超过的部分要孩子自己支付。这么做，可以鼓励孩子尽可能地节俭，而且如果孩子碰到自己特别喜欢但比较贵的东西，又不至于完全打击他们的兴头。

其次，家长和孩子要大体确定所购书包的特点和功能。比如，必须是双肩背包，材质必须是牛津纺的或是帆布的，适用场景必须是校园，大小为"中"，要能容纳下 15 英寸电脑。这么做能培养孩子有目的地消费，而不是激情消费。

在确定了预算和书包必须有的特点和功能后，家长可以打开天猫、京东几家购物平台，然后坐在孩子身边，让孩子来选择、对比不同书包。如果孩子最后选定了三款书包拿不定主意，家长可以提供参考意见。如果孩子认定了一款，只要具备所有的特点和功能，家长就应认可。

但在下单前，家长应要求孩子再做两件事：第一，看一下其他消费者的评论，了解该产品的优点和缺陷。要提醒孩子网上评论未必真实，但如果多人都指出同一个缺陷，而且这个缺陷又是比较严重的，那就要慎重考虑是否买这款书包。第二，了解该产品的退货和保修政策。要让孩子明白，即使是最好的品牌、最好的商家，也有可能出售次品。多数情况下，商家不会故意卖次品。有些是因为在运输过程中造成了损伤，比如书包被划破了一个小口子，有些是因为商家在质检的时候没有发现产品有问题，但用户使用了一段时间后发现了问题。相信每位家长都有因使用体验不佳而要求理赔的经历，可以和孩子分享，这些可以让孩子明白价格只是众多因素之一，除此之外，还要考虑功能、质量、售后服务等。

最后一件需要提醒的事是，家长最好不要让孩子知道自己的电脑开机密码。如果孩子必须用家长的电脑学习，家长也不要将购物网站设成可以自动登录的，要每次必须输入密码才能登录购物网站账户。这样会避免孩子未经父母许可就在网上购物。

讨价还价的智慧

现在很多城市中，特别是大城市中，菜市场和地摊比以前少了很多。但如果有，我建议家长可以带上孩子去几次，买些东西。买的时候，和商贩讨价还价几次。

在孩子成长过程中，会碰到不少可以谈判、商量或讨价还价的机会，有些还是特别关键的机会。比如，和自己的老板商谈给自己加薪的时候；比如，自己创业，和供货商和客户谈合同条款的时候；再比如，买房子的时候。如果孩子从小能够学会一些谈判技巧，可能会少花一些冤枉钱，少走一些冤枉路。很多时候，对方是预期你会讲价的。即使是在大型商场，也有很多售货专柜是外包的，很多商品，从黄金首饰到品牌衣服，都是可以讲价的。

我家的网络服务商原来一直是 Spectrum。一般来说，网络服务商为了吸引新客户，第一年会给便宜的促销价，一年后的价格要高些。但精明的老客户在一年促销期满后会打电话给网络公司，问能否继续给一年的优惠价。通常客服人员会为了避免老客户流失，同意这样的要求。

在 2020 年 4 月，我家不再享受优惠价，网费从 45 美元一个月上涨到了 70 美元一个月。我们打电话去问能否继续享受优惠价，被拒绝了。于是我们重新找了一家网络服务商：Verizon。Verizon 的价不但便宜很多，为 40 美元一个月，而且网速还快些。当我们最后打电话通知 Spectrum 我们要停止使用他们的服务时，客服人员立刻改变态度，告诉我们可以继续享受之前的优惠价：45 美元一个月。但对不起，太晚了，也太贵了！

在 Verizon 的技术人员帮我们装好网络后，我们不失时机地和孩子讲述了这件事情，告诉他们三点。第一，要货比三家。有时候只要花几分钟上网搜索，打几个电话，或问一些朋友，就能发现其实选择不止一个。第二，即使面对的是大公司、大人物，也还是能谈判的，不要害怕。第三，不少情况下，商家喜欢杀熟客。作为熟客，不要有惰性，不要因怕麻烦就接受对方调价的要求。

本章探讨了如何培养孩子花费方面的财商。现在购物很方便，很多东西既好又便宜，但我们仍需"甘节"和"安节"。要知道，东西再好再便宜，如果用不上、用不完，也是浪费。孩子时刻在看着我们。当我们在教孩子如何花钱、如何节俭时，最重要的是我们自身要有节制地花钱，要节俭。我们所做的要比我们所说的更为重要。

梦想清单

在花费方面，家长和孩子可以一起做的事实在是太多了。我在本章正文中已经介绍了一些做法，下面再介绍一些供家长参考。

- 爸爸妈妈将一个月内的所有消费收据（包括上网费、水电费、手机费的电子收据），无论大小都收集并保存好。如果家里的部分支出是爷爷奶奶或保姆负责的，也要请他们将收据保存好。一个月后，一家人找个时间坐在一起，仔细过一遍所有收据。问孩子：哪些是必需的，哪些是想要但非必需的？对于非必需的支出，是否可以大幅削减？比如，爸爸很爱在上班的路上买杯咖啡，每个月在咖啡上的支出有几百元。对爸爸来说，咖啡可能已经成了必需的，但在外边买咖啡却未必是必需的。最好是在家里买个咖啡机，在上班前做一杯带走。如果觉得自己做咖啡麻烦，可以经常在超市买整箱瓶装的咖啡。还可以一起分析，必需的花费当中，哪些花费是不可能降低的，哪些是可以通过努力降低的？比如，爸爸每天中午都在单位附近的饭店吃饭，既贵又油腻，能不能尝试每周从家带几次午餐？再比如，妈妈基本不是在单位就是在家中，不常在外边，导致手机套餐流量根本用不完，而且由于经常用微信通话，语音分钟也用不完，是否可以考虑将套餐降级？当然，如果手机费用由单位报销就无须考虑这些了。这个练习不但对孩子很有帮助，对家长也很有效。

- 在"财富来自努力工作"一章，我提到了从给孩子劳动报酬或者生活津贴的第一天起，家长就应该给孩子一个记账本。如果你还没有做，请立刻给孩子一个记账本，要求孩子仔细记下每笔收入和开支。家长应每隔一段时间就和孩子一起查看一下记账本。如果孩子足够成熟，家长甚至可以让孩子负责家里主要开支的记账工作（但最好不要让孩子知道家长的实际收入）。

- 借鉴洛克菲勒对他女儿的做法，根据往年数据计算家里每个月正常使用水电的开销（注意季节性）。告诉孩子，如果通过他的努力（随手关灯、洗手的时候将水龙头开得小些等）使水电费的实际开销低于计算的数目，节省下来的钱归孩子。

- 在餐厅吃好饭后，家长先看一遍账单，然后将账单交给孩子，让孩子仔细对好账后，才付账。让孩子知道在餐厅吃饭会有一些额外的费用：茶位费、纸巾费等。在高档餐厅，还会有额外的服务费。

- 父母经常性地带孩子购物，不要将购物都外包给爷爷奶奶或保姆，不要什么东西都网购，也不要图方便，自己下班回来路上就买了。购物特别能锻炼孩子，也是家长和孩子联络感情的好机会。如果孩子平时时间比较紧，家长可以在周末的时候带着孩子去买菜。如果每周都去做不到，可以至少每个月做一次。买菜的时候，家长要不厌其烦地告诉孩子如何挑选、如何比较价格。一个有意思的游戏就是让孩子记住几件常购商品的价格，比如，猪肉和大蒜的价格，家长可以拍照留在手机里。再次购物的时候，让孩子说出之前的价格。如果价格不一样，家长可以问孩子为何不一样。这个小游戏可以让孩子接触到通货膨胀、价格和供需之间的关系这些重要的概念。如果猪肉涨价而鸡肉价格没变，家长可以进一步问孩子可不可以不买或少买猪肉，而多买些鸡肉。等孩子有了一定购物经验了，可以根据本章正文所建议的那样，让孩子根据购物清单独立购物一次。

- 在家里和孩子一起种上一些蔬菜。城市里的很多家庭可能没有院子，但多数家里有阳台。有些菜是完全可以在阳台上种植的。可以是韭菜、蒜苗、小番茄、空心菜、木耳菜、香葱这些生长周期短、易生长、易种植的蔬菜。如果家里地方不够大，可以只

孩子在院子里抱着刚采摘的瓜

种一样。关键不是种多少，而是培养孩子爱劳动、节俭的精神。从松土、埋种子开始就要让孩子参与，让孩子负责浇水，施肥的时候家长可以一同参与。等菜成熟了，要尽可能地让孩子去采摘。我家每年都会在院子里种些蔬菜和瓜。每到成熟季节，孩子们都特别兴奋，每天都会去院子里看。要采摘的时候，他们也都自告奋勇地去。当一家人吃上自己种的菜的时候——哪怕忙了好几个月才够吃一两顿的——那种心情是买不到的。

第六章

负债：须慎之又慎

邓普顿金律

约翰·邓普顿爵士（Sr. John Marks Templeton）是一位在美国出生的英裔投资家、基金经理和慈善家。他的邓普顿成长基金在 38 年间平均年增长率为惊人的 15%——投 1 元钱，38 年后变为 203 元。在 1999 年，《货币》杂志称他为"本世纪最伟大的全球选股人"。《福布斯》杂志称他为"全球投资之父"及"历史上最成功的基金经理之一"。

在《邓普顿金律——21 个成功和快乐之道》一书中，邓普顿爵士分享了通往个人成功和真正幸福的 21 个步骤。邓普顿自小就从家乡田纳西州的农民那里学到了用血泪换来的教训。他发现 20 世纪 30 年代"大萧条"时期，大多数陷入生活困境的人都欠债，而那些没有欠债的人，则最终安然挺过了持续多年的"大萧条"。那些没有债务的农民通过减少消费，继续在自己的农场上生活，而不必担心失去农场。但是那些欠债的农民则债务猛增，最终许多人不得不贱卖农场来还债，变得无家可归。

在 20 世纪 20 年代，美国的石油开采业欣欣向荣，许多人大量借债参与开采，而一些稳健型的人则只动用自己的储蓄。后来，东得克萨斯油田探出了大量石油，导致油价暴跌至每桶 10 美分。那些借巨资的开采者因为无力按时偿还债务失去了油田的租赁权，但那些节俭稳健的开采者则挺过了艰难时期。短短几个月后，油价就回升到每桶 1 美元左右。

同样，在股票市场，邓普顿发现那些用保证金账户（借钱加杠杆）投资股票的人很多都被消灭了。当股价暴跌时，他们没有更多的现金补充保证金，不得不被证券公司在错误的时间点（股价很低时）强行平仓。但是那些没有借钱投资的人安全地度过了"大萧条"，并没有受到永久性的伤害。

邓普顿从 18 岁开始独立生活，直到 30 多年后他有钱搬到巴哈马，他从来没有一个赊账账户，从来没有用过信用卡，也从来没有申请过抵押贷款。他购买的房子的价格从来都不超过他一年的年收入。即使成为亿万富豪后，他也只乘坐经济舱旅行，并乐于将储蓄捐给慈善机构。他通过避免所有的消费债务，使自己的财务基础更加稳固，几乎坚不可摧。

信用只和债务有关

2020 年 10 月 24 日，马云在外滩金融峰会上发表演讲时指出："金融的本质是信用，我们必须改掉金融的当铺思想，依靠信用体系……我们必须借助今天的技术能力，用以大数据为基础的信用体系来取代当铺思想，这个信用体系不是建立在 IT 基础上，不是建立在熟人社会的基础上，必须建立在大数据的基础上，才能真正让信用等于财富。要饭也必须有信用，没有信用，连饭都要不到。"虽然将传统商业银行比作"当铺"颇受争议，但"金融的本质是信用"，现代经济是信用经济却一点不假。

我们之所以能在外借钱，是因为出借方相信我们能够按时足额地偿还债务。小到个人的购车买房，大到国债的发行，信用起着至关重要的作用。2007 年 1 月，哈佛大学的一个临时职员起诉哈佛。起因是该职员在申请正式职位时，由于其信用记录比较差而被拒绝了。由于该职员是黑人女性，她的律师以种族歧视为由提出申诉。该事件在美国引起了轰动，著名财经频道 CNBC 还围绕该事件组织了以"信用——个人的金融 DNA"为题的专题报道。

那么如此重要的金融 DNA 取决于哪些因素呢？可以说，至少在美国，个人信用的高低（信用得分）和个人的年收入、工作类别、财富水平、银行里有多少现金、股票账户里有多少投资、是否勤俭节约无关。和这些通通无关！

和个人信用唯一有关系的是债务。信用得分（在美国叫 FICO 分数）是根据个人信用报告中的众多信用数据计算而来的。这些数据分为五类：个人还款历史记录（权重 35%）、当前债务水平（权重 35%）、个人信用历史长度（权重 15%）、新的信用申请（权重 10%）、不同的信用 / 债务类型（权重 10%）。[1]

也就是说，个人只要在处理债务时稍有不慎，就可能对信用得分产生相当大的影响。信用难得易失。一个有良好信用记录的人，如果错过了一次还贷时间，信用得分可能会一下子暴跌 100 分。信用一旦失去，要恢复到原来的分数需要很长的时间，这对个人财务甚至职业发展可能产生深远的影响。下表列出了在美国不同的信用得分适用的 30 年期、30 万美元的定期住房贷款平均年利率

---

1 https://www.myfico.com/credit-education/whats-in-your-credit-score.

与月付额。[1]

不同信用得分适用的 30 年期、30 万美元的定期住房贷款平均年利率与月付额

信用得分	定期住房贷款平均年利率	月付额
760 ~ 850	2.354%	$1163
700 ~ 759	2.576%	$1197
680 ~ 699	2.753%	$1225
660 ~ 679	2.967%	$1259
640 ~ 659	3.397%	$1330
620 ~ 639	3.943%	$1422

信用得分最低的贷款申请人要比信用得分最高的贷款申请人每个月多支付 22%（259 美元）。由于信用得分低的申请人通常收入也较低，这就意味着这类人一旦经济上出现困难，哪怕是短暂的困难，通常都很难按时足额地还贷。一旦不能按时足额还贷，信用得分会急剧下降，个人会陷入"信用"危机。

信用值多少钱

为了测试信用的"价值"，我在 2020 年 10 月 21 日申请了一张新的信用卡。在我提供了个人信息后的几秒钟内，申请就被批准了，批准的额度是 2.33 万美元。因为在申请审核过程中，我的信用报告被查询，我的信用得分立刻从 829 分下降到 827 分（满分 850 分，720 分以上为好的信用）。由于我在过去近 20 年中积累

---

1 所有数据来自 www.myfico.com，利率为 2020 年 10 月 20 日的利率。

起来的信用不错，一次查询导致的负面影响不大。但如果我同时申请很多张信用卡，而且每张卡到手后就拼命刷，那我的信用得分会急剧下降，之后想再增加信用／借钱就特别困难了。

反过来看，好的信用带给个人的好处也是很直接的。拿我申请的这张新卡为例，如果我在前三个月消费 500 美元，会有 200美元现金奖励；在第一年，我在杂货店的消费会有 5% 的现金返还；在餐馆、药店的消费有 3%

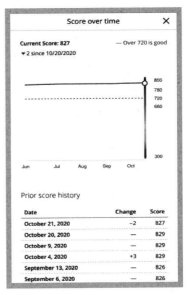

信用卡申请后信用得分数据的改变

的现金返还；所有其他消费有 1.5% 的现金返还。如果我没有良好的信用记录，我就不会申请到这样的没有年费的信用卡。如果申请到后，我在使用信用（负债）时不注意，不珍惜得之不易的信用，这些好处会即刻消失——信用卡额度会被降低，信用卡的使用会被限制甚至禁止，今后申请房贷时房贷利率会变高。

负债读书也值得

既然债务的潜在"杀伤力"那么大——一旦处理不当，轻者信用受损，重者无家可归，那是不是任何情况下都不应该负债？不是！

邓普顿爵士虽痛恨债务，但他借过钱。不过他借钱不是用于消费，而是用于投资——投资自己。

1931 年，他爸爸对当时在耶鲁读大一的邓普顿说："约翰，我一分钱都拿不出给你上学了。这次'大萧条'我几乎撑不过去了。"是该找工作还是回大学完成学业？从最初的震惊中恢复过来后，邓普顿开始向家人和朋友寻求建议和帮助。

他的叔叔沃森·邓普顿承诺，如果他能通过勤工俭学完成接下来三年的学业，他愿意借给邓普顿 200 美元。在倾听了亲朋好友的意见后，邓普顿最后决定向叔叔借钱。带着积极的"能行"（can-do）的态度，他于那年秋天回到耶鲁。他一到校，就立即去找学校的人事负责人，向他解释自己的经济困境。由于在大一期间的成绩优异，他不仅获得了奖学金，还在校园里找了份工作。这段经历让他领悟到："悲剧可以成为教育孩子的方式。"最重要的是，需要自己挣钱读书让他明白了努力工作和节俭的意义。我将在"教育：一生最重要的投资"这章重点讨论教育问题。

我所在的新泽西理工学院和国内的一所高校合办了一个中外合作办学项目。该项目的学费是该校其他专业学费的 3 倍，为 1.5 万元一年。学生前三年在国内读书（国内课程的 1/3 是美国教授上的），第四年可以选择到新泽西读书并获得两个学校的学位。2020 年，该项目第一次招生。我发现有两位学生报到后并没有直接支付学费，而是申请了贷款：一位同学申请的是生源地贷款，另一位申请的是校园地贷款。这两种贷款都是针对贫困学生的助学贷款。学生可以在当地办好助学贷款手续——生源地贷款。校园地贷款信息是伴随录取通知书一起寄到学生手里的，通知上有绿色通道，指导学生办理。这两款贷款都是免息贷款，只要符合各自的银行贷款条件就可申请，我不清楚这两位学生家庭的具体情况，但申请这样的投资自身教育的免息贷款是非常明智的，也是值得的。

　　曾国藩25岁那年，第二次在京会试落榜。在返家途中因没有钱，他不得已在路过江苏时，向父亲熟人借了百两白银。在路过南京时，他在一家书店看到了一套《二十三史》，爱不释手，最后咬牙用近百两白银买了此套书。回到家中，他父亲对他说："尔借钱买书，吾不惜极力为尔弥缝，尔能圈点一遍，则不负我矣。"意思是，借钱买书是好事，我乐于替你偿还债务。但是，希望你细心研读，这样才不会辜负我。曾国藩非常感动，当场立下誓言："嗣后每日圈点十页，间断不孝。"从此，曾国藩奋发图强，每日阅读圈点《二十三史》，做到了"侵晨而起，中夜始休，泛览百家，足不出户者凡一年"。后来他顺利考中了进士。

好债务，坏债务

　　除了不得不借钱读书，还有哪些情况下可以负债呢？对于成人来说，可以使用公积金和银行贷款购房（注意：是从银行而不是从私人处借钱），还可以借低息债务还高息债务。比如，如果某人欠高息的信用卡债但还清了住房贷款，可以申请住房抵押贷款来还信用卡债。一般来说，住房抵押贷款利率要远低于信用卡债利率。

　　判断一项债务是好还是坏，一个简单的法则就是：看它是否能增加你的净资产或提升个人的未来价值？如果能，那就是好债务；如果不能，那就是坏债务。读书是对自身人力资本的投资；房子具有很强的使用价值，在多数历史阶段还具有投资价值，房贷利息还能抵税。如果不得不借钱读书或贷款买房，那这样的债务就是好债务。

如果借债是为了购买非必需的到手就贬值的东西，那这样的债务就是坏债务。这些东西包括高档品牌衣服、高档汽车（一般来说，高档汽车前三年的折旧率很高）、大彩电等。如果你账户里没有钱购买这些，但需要衣服、需要汽车、需要彩电，可以购买一般牌子、普通性能的衣服、汽车、彩电。

无论欠的是什么债，负债总额都不应太高。负债是否合理可以看家庭的债务收入比。将家庭每个月的总债务相加，除以家庭每个月的总收入，就会得到债务收入比。例如，如果家庭每月有 1 万元的房贷，2000 元的车贷，3000 元的信用卡和其他账单债务，那每月的总债务是 1.5 万元。如果家庭每月的总收入为 5 万元，那债务收入比为 30%。

在美国，如果债务收入比超过 43%，基本上就申请不到住房贷款了，而住房贷款是一个人所能获得的最好债务之一！[1]另外，如果你做不到按时足额偿还，再好的债务也是坏债务。

负债"四不"原则

由于未成年孩子甚至大学生都不存在买房的问题，可以说孩子非但不应该借钱（不得不借钱上学除外），而且从小就应该做到：不借钱消费、同学和朋友间不借钱、不欠信用卡债、绝对不碰网络贷款和线下私贷。

---

1 What is the debt-to-income ratio? Why is the 43% debt-to-income ratio important? 2019 年 11 月 15 日，美国消费者金融保护局。信息收集日：2020 年 10 月 28 日。网址：https://www.consumerfinance.gov/ask-cfpb/what-is-a-debt-to-income-ratio-why-is-the-43-debt-to-income-ratio-important-en-1791/。

不借钱消费

消费应量入为出，除非家庭特别困难，否则不应借钱消费。无论家里是否有钱，都绝对不要借钱购买非必需品。我在"花费：防守赢得冠军"这章探讨了"想要"和"需要"的区别。作为家长，我们首先要做好榜样。如果孩子从小就明白并坚守"不借钱消费"这个原则，长大后会避开很多陷阱。

几年前，一名 19 岁的女大学生，在第一部手机坏掉后，看周围同学用的都是品牌手机，于是也想换一部。由于家里比较贫困，每个月的生活费只有 900 元，她"不得不"申请了两笔小额贷款，总计 1.25 万元，除去高昂的 4500 元中介费后，借到手 8000 元。后来由于没有能力按时还款，不得不拆东墙补西墙。在短短 8 个月内，她前后贷款 30 多次，总金额为 11 万多元，实际借到手的只有 7 万多元。然而，所有本息加起来，她一共要还 23 万多元[1]。可以说，这个孩子和她的整个家庭都被毁了。

她并不是"不得不"买 8000 元的手机，几百元也能买到可用的智能手机，一些非智能手机甚至 100 元不到就可以买到。如果说手机是必需品，那最新款的高档手机则是非必需的奢侈品。中国人民银行前行长周小川在 2020 年 10 月的外滩金融峰会上指出："一些年轻人过多地靠借债过度消费、奢侈消费，将来是不是好事也不完全知道。"周行长说得很委婉，我认为可以肯定地说，过度消费、奢侈消费，无论是在过去、现在还是将来都不是好事。如果这个女孩从小就知道量入为出，有正确的消费观，就不至于因为一部手机将家庭拖向债务深渊。

---

1 《大二女生为买手机借 1.25 万校园贷 8 个月滚成 23 万》，2017 年 7 月 9 日，网址：https://www.sohu.com/a/155653255_105067。原始来源：《华商报》，原题为《借 1.25 万校园贷"滚"成 23 万》。

同学和朋友间不借钱

孩子在对待同学或朋友的时候往往很大方。由于孩子之间借钱往往数额不大（但对借出的孩子来说还很心痛），如果借钱方不注意，忘记还钱了，或故意不还，借出方常常碍于情面，不好意思提钱的事，怕对方说自己小气，做不成朋友。这样的结果就是心里时不时地难受、不开心。

一个减少麻烦和伤害的法则是：朋友和同学间不要借钱。如果一定要借钱，借出方可以在心中将此作为礼物，做好收不回来的准备。如果做不到这点，那就委婉地拒绝。另一方面，借钱方要珍惜朋友的信任，尽一切可能在一两天内将钱归还。

不欠信用卡债

对于信用卡，一个简单的原则是：在上大学前，孩子不得有信用卡，家长也绝对不能将自己的卡给孩子。孩子如需生活费，现金是首选。即使是大学生，也应尽可能避免使用信用卡。信用卡有"两重罪"。第一，诱导人们过度消费，甚至是超过自身能力去消费。与现金相比，人们在使用信用卡时消费的冲动更强，手脚更大方。第二，财商低、财务上不自律的人往往不能按时足额地还信用卡债，信用卡债利息很高，一旦还不上卡债，就可能变成"卡奴"。

在中国，不少银行收取的信用卡利息为每日万五，年化利率约为 20%。在美国，2019 年信用卡年化利率平均为 17.3%。对于信用得分低的消费者来说，他们的平均利率为 25.3%。[1]

---

1 Merle, Renae, Banks reported blockbuster 2019 profit with the help of consumers' credit card debt 2020 年 1 月 15 日。网址：https://www.washingtonpost.com/business/2020/01/15/banks-reported-blockbuster-2019-profit-with-help-consumers-credit-card-debt/。信息收集日：2020 年 10 月 26 日。

银行是乐意借钱给信用卡使用者的。2019 年，美国摩根大通银行在信用卡业务上的收入为 53.04 亿美元。中国某大型商业银行信用卡业务收入近 800 亿元，其中利息收入就有近 540 亿元，包括手续费在内的非利息收入有近 260 亿元！请想想，这么多钱是谁贡献的？

中国的移动支付、电商平台特别发达。几个超大型平台推出的类信用卡功能的产品也特别方便，如花呗、借呗、白条等。这些产品的额度、免息期、分期手续费、使用范围有所不同，但总体而言，使用很便利，手指划两下，就能借到钱消费。我的建议还是：再方便也不要借钱消费。如果你信用好，有实力，百分之百记得在免息期内足额还款，也不值得为这种小小便利和利益花费精力。如果你自律力弱，经济实力差，更不要通过这些平台的金融产品借款。

绝对不碰网络贷款和线下私贷

很多人的辨别力差，风险防范意识弱，而缺乏基本道德良知的平台和线下高利贷机构会进行各种虚假宣传、下"连环套"、收取超高费率，同时存在暴力催收等问题。安全的做法就是绝对不碰这些平台和机构，不能存在侥幸心理。

家长需要自己先做到这点，更要时时提醒孩子做到这点。2017年 9 月，教育部发布"明确取缔校园贷款业务，任何网络贷款机构都不允许向在校大学生发放贷款"的规定。这样的规定虽然对学生有一定的保护作用，但并不能从根本上解决问题。如果孩子的财商不高，缺乏基本的金融知识和防范意识，没有正确的消费观，很可能会在另一种平台、另一个场景下因借钱而陷入困境。

不同年龄的孩子应如何理解负债

3～5岁的孩子

家长能够为孩子做的最好的事情之一就是做个好榜样。孩子们会从我们身上学到很多对人、对事、对钱的观念和态度。如果我们花钱经常不小心，信用和债务使用不当，时不时忘记付账单，孩子很可能会效仿我们，养成不良的财务习惯。如果我们在财务方面非常审慎，纪律性强，不铺张浪费，从不借钱消费，那我们的孩子就更有可能处理好与金钱的关系。

对于学前儿童，家长应尽可能做到寓教于乐。家长可以购买诸如大富翁之类的和投资、财务相关的玩具。家长在和孩子一起玩的时候，一方面可以教孩子数数，另一方面可以教孩子最基本的财务道理：要获得东西和服务是需要花钱的，钱要么自己劳动赚来，要么投资得来，要么别人（父母）给，要么借来。对于孩子来说，获取钱的最佳方式是通过自己劳动。好的游戏会让孩子在玩的过程中大体了解不同的资产类别、投资的风险和收益、破产意味着什么这些非常有用的财务概念。

我在"储蓄：让钱慢慢长大"和"花费：防守赢得冠军"这两章探讨了延迟消费和满足、区别"想要"和"需要"的重要性。3～5岁的孩子应该能理解他们并不需要所有他们想要的东西，不能一顿将所有糖果吃完，不能一直看喜欢的动画片，不能看到其他孩子有自己就一定要有。孩子可以自己攒钱购买特别想要的东西，家长可以根据情况出部分钱，但绝对不能孩子要什么就买什么。

　　这其实和"自控力"（在面对诱惑和冲动时调节自己的情绪、思想和行动的能力）密切相关。一些学者长期跟踪研究了1972年4月至1973年3月在新西兰达尼丁（Dunedin）出生的1000多个孩子，发现那些自控能力差的孩子在成年后更容易出现健康问题，也更容易在财务上挣扎：他们不太可能存钱、缺乏坚实的财务基础（如拥有住房、基金或退休基金计划）；他们会有更多的财务管理困难和信用问题。那些自控能力最差的孩子成人后更有可能有不良信用。[1]

　　带着孩子到超市、百货店这些实体店购物是锻炼年幼孩子自控力的绝好方式。去超市前，让孩子从自己的花费里取出一些钱。在购物的时候，让孩子帮忙将需要的东西放入购物车，将不需要的商品放回货架。如果孩子实在想买不需要的东西，比如果冻，家长可以尝试让孩子自己拿着，在结账的时候单独算，让孩子将花费罐里取出来的现金交给收银员。如果钱不够，比如差2元钱，你可以让孩子做个选择：不买，或向爸妈借钱，但借2元回家后需要还3元。

　　其实无论钱够还是不够，用自己攒的现金买想要但不需要的东西，都是对自控力的锻炼，同时会让孩子对金钱的理解更深一层。这要比平时说教10次更有效。

6~12岁的孩子

　　小学生，特别是较高年级的小学生，应该理解复利了。复利是把双刃剑。储蓄在复利的作用下会增加，在时间的陪伴下会不断

---

1 Offitt, T., R. Poulton, and A. Caspi. Lifelong Impact of Early Self-Control Childhood self-discipline predicts adult quality of life. American Scientist 101, no. 5 (2013): 352-359.

增长。反过来，负债在复利的作用下也会增加，如果不及时偿还本金和利息，欠债会越积越多，最后甚至可以将一个人、一个家庭压垮。

我的房产税单

一个帮助孩子理解债务的好方式是和孩子一起分析一些账单。在美国，我个人认为最有意思的"账单"是房产税单。房产税似乎不是负债，因为个人并没有从政府那里"借钱"。其实不然，我们个人享受了市政提供的各种设施和服务，包括"免费"的公立学校、图书馆、社会安全（警察、消防员）、垃圾收集、马路翻修等。这些设施和服务是由当地政府统一提供的，但政府本身不创造钱。作为居民，我们享受了就要为此买单。

下表是我所住的新泽西州李堡市（Fort Lee）2019 年和 2020 年这两年的房产税税率的细分情况。新泽西州的房产税税率在全美 50 个州当中是最高的。2020 年李堡市的房产税税率为评估房价的 2.409%。房产税包括 5 项，其中最重要的两项是市政税和学校维护费。

李堡市 2019、2020 年房产税税率的细分情况

李堡市房产税构成	2019 年税率	2020 年税率
市政税（Municipal Tax）	1.008%	1.025%
图书馆建设费（Library）	0.036%	0.037%
学校维护费（School）	1.041%	1.072%
郡（County）	0.257%	0.265%
郡开敞空间维护费（County Open Space）	0.011%	0.010%
总税率（Total Rate）	2.353%	2.409%

当我将这两年的税表给9岁的儿子看的时候，他很惊讶地发现税表上居然还列有图书馆和学校。我不失时机地告诉他，虽然我们从图书馆借书、到学校接受教育都是免费的，但实际上没有什么是绝对免费的（Nothing is free）。图书馆的书籍，老师、警察、环卫工人的工资，路灯这些都是我们缴纳的税支付的。我们享用这些设施和服务就要支付费用，如果我们不按时足额支付相应的费用（税收），我们就是欠债不还，而欠债不还的后果是相当严重的。

我接着让儿子读税单背面的文字，上面写着："（对于应付未付的房产税）前1500美元将按8%的年化利率收取利息，超过1500美元的部分将按18%的年化利率收取利息。"由于不久前，我和儿子一起将他储蓄的钱存了一年的定期，利息才1%，我立刻提醒他债务的利息要比储蓄的利息高很多！结论是：尽可能不欠债；一旦欠债，尽一切办法尽早还债。事实上，在美国欠房产税的后果可能远比支付高额利息更严重。在新泽西州，市政当局对房屋享有留置权（lien），如果房主不能及时支付房产税，政府可以出售留置权，最终房主可能会失去房产的所有权。

入账日才是计息日

在中国，很多城市没有房产税，家长可以选择和孩子一起分析信用卡账单。分析信用卡账单有两个目的：第一，看着一行行的支出，有助于孩子明白我们在使用信用卡的时候，无论是在饭店吃饭还是购买彩电，实际上是在向发卡的银行借钱，发卡行帮我们支付了款项，我们需要在一定的时间内（通常是下个月某日之前）足额归还欠的钱；第二，有助于孩子明白，如果我们不能按时足额还钱，发卡行会向我们收取高额利息。在中国，信用卡利息是按日计算的：每日利息一般为0.05%。

很多财务自律的家长每月都是在还款日前足额还款的，因此账单就不会显示利息。家长可以在网络上搜索找到一些账单用来和孩子讨论。下图是某持卡人的信用卡账单计息图，家长可以和孩子一起分析。

在上图的例子中，持卡人的账单日为每月8日，到期还款日为当月25日。该持卡人在8月1日用卡支付了1000元餐费，次日这笔消费入账。8月8日的账单上会显示"本期应还金额"为1000元，"最低还款额"为应还金额的10%，即100元。若持卡人在还款日8月25日只偿还了100元，则9月8日的账单上会显示截至当日需支付的利息，即1000元循环信用本金23天的利息和还款后剩余的900元本金15天的利息：1000元 ×0.05%× 23天 + 900元 ×0.05%× 15天 = 11.50元 + 6.75元 = 18.25元。

需要特别注意的是，如果持卡人未能在免息还款期内（在例子中，为8月25日及之前）偿还全部款项，持卡人应支付全部透支款项（1000元）自入账日起至还款日（8月2日—24日）的透支利息（11.50元）。持卡人还应支付欠款余额（900元）自还款日起至还款到账日的利息。如果持卡人在9月8日还清上期账单本金余额900元，那额外的利息费用就是6.75元。这一点很多人不清楚。很多人认为每月的还款日（8月25日）为利息起始计算日。不是！只要持卡人未能在免息期内偿还全部款项，计息起始日为入账日（8月2日）。这个其实不难理解。消费发生在8月1日，因为你有信用，发卡行帮你垫付了1000元，入账是在8月2日。

对于发卡行来说，这 1000 元是真实地借给你消费了，是你的信用让发卡行在免息还款期内不收你借款利息。但如果你未能在免息期内全额还款，那发卡行就不会继续免费承担借钱给你的成本——对不起，利息需要从帮你垫付消费额的那天，即入账日[1]算起。

免息还款期是针对非现金交易才有的。如果办理信用卡现金提取，持卡人非但不享受免息还款期待遇（取现当日开始计息），而且还要支付 1%～3% 不等的取现手续费。

孩子可能觉得每日 0.05% 的利率不算很高，但如果乘以 365天，那年化利率则为 18.25%（由于发卡行是按月收复利的，实际利率会接近 20%）。这样的利息是非常高的了！

家长可以将一年期的定期储蓄利率、国债利率和信用卡利率相比，让孩子明白，如果一定要使用信用卡，要尽一切所能地在免息期内足额偿还本期应还金额。

事实上，如果能做到这点，持卡人不但不需要支付任何利息，而且往往还有好处——发卡行会给予返点之类的奖励。在美国，不少信用卡有现金返还或积累点数的政策。比如，我用的一款信用卡，无论购买什么都有 2% 的现金返还。

我之所以在这里详细分析信用卡，是因为信用卡使用便利，相对安全，有时能够省钱（如直接的现金返还或点数积累，有时发卡行会和商家搞合作或促销），还能提供一些额外便利（一些信用卡提供免费的意外险、银行贵宾厅服务等好处）。这些都使得不少人对它爱不释手。但信用卡的坏处也是显而易见的：容易在不经意间过度消费、利息高、很多卡有年费、容易被盗刷。另外，如果过了还款日连最低还款额都还不上，那就是逾期了。逾期不单

---

1 发卡行实际付款日可能会不同于入账日，而且商家实际收到的会略低于授权金额（1000 元）。

单会产生高额利息问题，还会在个人信用报告中体现。

我的观点是，除非孩子足够大（上大学了），财商足够高，在花费方面足够自律，否则不建议孩子有信用卡。

13～18 岁的孩子

中学生易受同伴、明星、网络红人的影响。家长应时时提醒孩子遵守负债"四不"原则。这四个原则中的"不欠信用卡债"相对容易做到：不给孩子信用卡，不提供信用卡密码，不将信用卡、支付宝等信息存在孩子可以接触到的电脑、手机或其他电子产品中。

不让或少让孩子接触信用卡、花呗这些信用产品只是财商教育的一小部分，家长需要做的是经常性地告诫孩子这些产品潜在的坏处。不然，当孩子长大后，自己能申请信用卡或信用产品了，还是可能犯错。

100% 的坚持要比 98% 的坚持更容易

对于"不借钱消费"原则，我的观点是要 100% 坚持。克里斯坦森在《你要如何衡量你的人生》一书中指出，100% 的坚持要比 98% 的坚持更容易实现。很多人认为"就此一次"破例并不会改变什么，"边际成本"是很低的。但有了第一次就很可能有第二次。

克里斯坦森在牛津大学深造时是学校篮球队的中锋。那年，牛津大学校队打进英国大学联赛的总决赛，比赛被安排在周日。但他因信仰而许诺不在周日打球，所以他跟教练说自己不能参加总决赛了，只能为队友祷告。当时教练和队友都感到非常吃惊。他是首发中锋，更糟糕的是，当时的候补中锋在半决赛时肩膀脱臼。所有队友都劝他："你必须参赛。你就不能破一次例？就这一次？"这是一个艰难的决定，但他最终决定："我必须坚守自己的承诺。"

随后他告诉教练不能参加总决赛。

几十年后，克里斯坦森回顾这段经历，他认为这是他生命中最重要的决定之一。为什么？因为"生活只是一条无休止的情有可原的情况形成的溪流。如果我有一次越界，我会在接下来的岁月里一次又一次地越界"。

家长和孩子应一起坚持不借钱用于对非必需品的消费。孩子可以在家长的许可下，用自己攒的钱，购买自己心仪的非必需品。但如果出现非常特殊的情况，比如本市的球队出乎意料地在历史上第一次进入了全国总决赛，孩子真的很想现场观赛，能买到的球票最低1000元，但由于之前没有这项预算，而孩子刚刚将大部分现金购买了5年期国债作为大学基金，手上只有500元现金，这时家长是应该借500元给孩子，还是直接给500元，还是告诉孩子不要观赛？

首先，我反对家长直接给钱让孩子买球票。现场观看总决赛虽然可能会给孩子留下终生难忘的美好回忆（某种程度上取决于球队是输还是赢[1]），但这不是必需品。中学生已经是大孩子了，要消费非必需品，就要自己想办法。

其次，在"借给孩子500元"与"劝告孩子不要现场观赛"之间，我倾向于后者。但这要因家庭而异、因孩子而异。如果孩子财务自控力强，一直努力攒钱，平时也从不乱消费，而且是个铁杆球迷，家长可以考虑借钱给孩子。但是，需要约定好：借钱是有利息和还款期限的。比如，借500元，须在10个月内还530

---

1 大量心理学研究成果显示了体育赛事的结果能够显著影响人的情绪。研究者发现当支持的球队表现优异时，球迷通常会有较强的积极反应；而当球队表现不佳时，球迷则会有较为消极的反应。更重要的是，这样的赛后反应会影响个人自尊心，以及对整个人生的态度。球赛结果不但影响心情，极端情况下还能影响性命。1998年6月30日，英格兰在法国世界杯四分之一决赛中，因点球大战败北而被淘汰。在其后的三天内，英格兰因突发心脏病入院的人数比平时增加25%。

元，每个月 15 日还 53 元。还需要约定好，如果逾期不付，惩罚是什么。

如果家长认为在某些特定的情况下可以借钱给孩子，那最好制定好孩子认可的借款方案：比如，一年中孩子最多可以向家长借几次钱，借款的最高额度是什么，借钱的利率是什么，还款的期限是何时等；借钱时孩子需要详细说明借款用途；如果孩子未能按时足额还款，后果是什么。比如，后果可以是未来一年不得再向家长借钱，一年之后可以借钱，但需要先偿还之前欠的本金和利息，而且新的借钱利率可能会提高。这些如果能提前和孩子沟通好，孩子会知道我们的底线在哪里，而不会觉得家长不近人情。

家长不要认为和子女谈借钱、谈利息伤感情。如果我们不在家庭这个可控环境里教育引导他们，在外边他们可能会以惨痛的方式接受教训。

20 多年前的 5 元菜票

对于不少孩子来说，"不向同学和朋友借钱"要比"不借钱给同学和朋友"容易做到。如果有同学或朋友开口了，总觉得不好意思拒绝。家长需要点拨的是，如果钱不是很多，对方是第一次开口借钱，心里可以将这个作为礼物，做好对方不还钱的心理准备。如果对方真的没还（无论是忘记了，还是故意不还），也不要和对方提及，就当礼物送出去了。但如果对方再次借钱，孩子需要提醒对方上次借的钱还没有还，可以拒绝借钱。

我记得我在大一寒假的前一天借给一个同学 5 元菜票吃中饭，这位同学吃完饭就回老家了。那是上世纪 90 年代初，5 元钱可以在学校里吃得不错了。结果寒假过后，这位同学忘记将钱还给我了。我也不好意思提及，那时我家里条件很一般，5 元钱还是让我有些心痛。现在想想，如果当时我能将这 5 元钱看成给同学的寒假礼物，可能感觉会很不一样。

"谁提安排会面谁就是叛徒"

中学生涉世未深，缺少防范心理和辨别能力，但使用电子产品的能力强，家长也会在金钱方面给予孩子一定的权限。这就使得他们成为不少不法分子极力"争取"的对象。2020年8月，江苏淮安的一名中学生因热心帮助同学，在和同学"视频"确认后，借给同学3800元。没想到这一切竟是一场"虚拟视频"新骗局。骗子会盗取他人的聊天记录，在确认身份时，用这些视频获取好友的信任，然后伪造银行的截图，以此骗取他人钱财。[1]

对于绝大多数孩子来说，不应有借债需求。即使是大学生，如果确实需要借钱完成学业，家长也应时刻告诫孩子，非银行贷款，无论是网上的还是线下的借贷，通通不能碰！无论是师兄、师姐，还是本班同学，甚至是老师推荐的，通通拒绝。

现在人们在刷手机的时候，时不时地会刷到贷款广告，如"借3万元，无抵押，轻松贷，全部免息""不用再跟银行借钱了，××贷借5万元免息""低利息无抵押无担保，免费申请10万元，前三个月不用还"……

这些可以说百分之百都是骗局。但别说孩子，即使是成人，如果财商不高、警惕性不高，也可能会陷入骗局。因此，一个简单的法则就是，从小告诫孩子，这些网络或线下的非正规银行贷款碰都不能碰。

在《教父I》中，老教父在去世前不久，确信家族里有个叛徒。他警告儿子迈克尔，如果有人提出安排和其他黑帮家族头目会面并保证他的安全，那这个人就是叛徒："听着，不管是谁和你

1《中学生借钱给同学被骗，注意"虚拟视频"这一新骗局》，2020年8月10日，https://baijiahao.baidu.com/s?id=1674622588805774648&wfr=spider&for=pc。

提和巴兹尼（另一黑帮家族头目）会面，他就是叛徒。别忘了！"同样，在我看来绝大多数网络贷款和线下私贷带给借款人更多的是痛苦和陷阱。如果谁介绍这些贷款给你，这个人很可能自己就是受骗对象或是骗子的帮凶。家长应告诫孩子：须反过来劝说这个介绍人，如果这个人不听劝说，远离之。

本章探讨的是债务问题。不是所有债务都是坏的。好的债务能增加借债人的净资产或提升未来价值，增强个人信用。借债攻读学位，用公积金和银行贷款购置与自己收入水平匹配的自住房都是好债务。但信用卡债、网络贷款、线下私贷在大多情况下都是坏债务。其中后两种还存在大量骗局和陷阱。无论是大人还是孩子，在借债时须慎之又慎！

梦想清单

负债如果处理不当，人真可能会倾家荡产，甚至走上绝路。家长须不断地和孩子探讨相关话题。

- 家长可以买 1~2 款适合孩子玩的口碑良好的财富游戏，让孩子在游戏中理解负债、破产等概念。这些游戏适合低龄儿童，也有些适合较大的孩子。注意，不是网上的财富游戏。一些网上游戏是骗局。

- 我在文中提出了负债"四不"原则，家长可以根据家庭和孩子的具体情况提出自己的"四不""五不""六不"等原则。

- 对于年纪稍大的孩子，家长可以让孩子在网上找出三例因网络贷款或民间借贷而走上困境 / 绝境的例子。

- 按照本章中提供的信用卡还款周期图，和孩子一起讨论信用卡利息。让孩子说出使用信用卡可能的坏处（至少三个）。
- 经常性地问孩子以下的问题："如果有人通过电话、微信或短信问你的姓名、身份证号码、家庭住址，你应该如何回答？"（应该拒绝回答，拒绝提供任何个人及家庭信息。）"如果有人准确说出了你爸爸妈妈的名字、家庭住址等信息，然后用各种原因让你听指示转账，你该如何应对？"（应该立刻终止通话并和父母联系，如果父母不在，立刻报警。）
- 带孩子到家附近的银行，请银行工作人员讲述几个借贷诈骗的实例。

第七章

给予和分享

只能由她埋单

很多年前的一个冬天，机缘巧合，我有幸在国内认识了一位从事证券业的资深女经理。第一次见面，她就带上了一箱水果，并和我约法三章：如果我们今后有机会一起吃饭喝茶聊天，一定是她埋单。对于她这种作风，我开始很不适应。后来和她接触多了，发现她不单单对我如此，对所有的人都很大方。大方不单单体现在舍得花钱上，更体现在她是真的关心周围的朋友和同事，愿意花时间倾听他们的心声，并愿花大量的时间和精力来帮助年轻的同事。

让我很愧疚的是，这么多年来我也没有帮上她什么忙。但我每次回国，如果她能抽出时间来，她一定会拉上几个共同的朋友和我吃饭叙旧，问我需不需要车，并为我两个孩子买些漂亮的衣服。有几年国内的证券行业很低迷，成交量大为萎缩，业务人员的收入自然也下降很多，但她还是一如既往的大方。我有一次忍不住问她："你对朋友和客户太好了，你不怕你赚的钱都抵不上你的开销吗？"她说："一两年亏损我不怕，我相信长远来看，我一定会赚钱的。"

你说，这样的朋友，如果有业务机会，你会不会想到她？如果你是她的客户，你会不会轻易离开她？据我所知，她在20多年的工作生涯中，业绩一直在公司中名列前茅。她的客户黏性特别高，可以说她走到哪里她的客户就跟到哪里。结果是，她给的很多，最终得的也多。这个"得"包括财务上的——她早已财务自由，也包括人际关系和个人荣誉上的——她获得了客户的信任、领导的器重、同事和朋友的敬重。正因为她已财务自由，得到各类伙伴和朋友的支持，她能比多数人给得更多，这样就形成了良性发展。你说她的财商高不高？

人们一般认为，要想成功，必须努力、有才干，并要有上佳的运气，这三点缺一不可。但多数人忽略了另一个至关重要的要素：能否取得成功，特别是财务上的成功，在很大程度上取决于我们如何与他人交往。

要成为一名出色的数学家，你可能只需要笔、纸、一堆参考书籍和文献、一个安静的环境和一颗异于常人的大脑。要想成为一名小说家，你可能就需要一台电脑。但要在财务上成功，对于绝大多数人来说，必须和他人打好交道。

宾夕法尼亚大学沃顿商学院明星教授亚当·格兰特（Adam Grant）在他2014年的畅销书《沃顿商学院最受欢迎的思维课》（*Give and Take：Why Helping Others Drives Our Success*）中根据人与人之间的交往互动模式将人分为三类：索取者（takers）、给予者（givers）和匹配者（matchers）。

索取者总希望得到的比付出的多，他们往往将自己的利益放在别人的利益之上。索取者认为这个世界充满了竞争，是人吃人的地方。他们认为要取得个人成功，就必须比他人更好。为了证明自己的能力，他们会寻找各种机会自我推销，并确保他们的努力能够获得足够的回报和荣耀。

给予者多以他人为中心，更加关注他人需要从他们那里得到什么，他们宁愿付出比得到更多。在对他人的态度和行为上，给予者和索取者的表现大不相同。对于索取者来说，当个人利益大于个人付出时，他也会帮助他人。而对于给予者来说，他可能会使用完全不同的成本效益分析方式：当别人的利益超过自己个人的付出时，他就会提供帮助。或者，他可能根本不考虑个人成本，帮助他人而不期望任何回报。如果你是一个工作上的给予者，你会慷慨地分享你的时间、精力、知识、技能、想法，以及他人可以获益的关系网。

第三类人为匹配者，他们努力保持得到和付出的平衡。匹配者遵循公平原则：你对我好，我就对你好；你这次帮助我，我下次会帮助你；如果你没有帮过我，我也不会帮你。

其实，如果你仔细研究一下微信朋友圈，就能初步判断很多人的特质。有些人自己很少发朋友圈，但很愿意为朋友点赞，并经常发些鼓励性的评论；有些人是如果某人经常为我点赞，我就为他点赞，如果某人从未为我点赞，那我也不会为他点赞，甚至将之拉黑；而有些人则经常发些自我炫耀的照片和文章，他们朋友圈朋友众多，但他们往往与这些所谓的朋友只是有很肤浅的联系，甚至从未谋面，他们常常为领导或对他们"有用"的人点赞，至于其他人，点赞则要看心情。

格兰特及其他学者的研究发现，在各行各业做得最好的和最差的往往都是给予者，而索取者和匹配者的职业发展水平则居中。成功的给予者不但关爱并乐于帮助他人，而且也非常在意自己的发展和自身利益，事实上，他们与索取者和匹配者一样在事业上雄心勃勃。而那些发展不利的给予者往往是很无私的给予者。他们可以不顾自己的需求，投入大量的时间和精力来帮助他人，并最终为此付出了代价。我们常说的有求必应的"老好人"往往可以归为无私的给予者，他们中很多人在事业上并不成功。

比尔·盖茨曾说过："人性中有两大力量：自利和关心他人。"这两大力量可以并存，人可以同时自利并关心他人。将这两者都做得很好的人往往是成功的人。我们中国人也常说，"有舍有得，不舍不得，大舍大得，小舍小得。"这显然和格兰特的研究有相通之处。

以捐钱为例，经济学家阿瑟·布鲁克斯（Arthur Brooks）测试了收入和慈善捐赠之间的关系。[1]他分析了近 3 万美国人在 2000年的捐赠数据，考虑到了可能影响收入和捐赠的各种因素：教育、年龄、种族、宗教信仰和婚姻状况等。他发现收入增加会导致捐赠增加，额外收入每增加 1 美元，慈善捐赠就增加 0.14 美元。

但更有趣的是，捐赠多的人往往今后的收入更高。平均来看，慈善捐赠每增加 1 美元，年收入就会高出 3.75 美元。举个简单的例子，假设你我年收入都是 10 万元。如果今年你捐赠了 5000 元，而我只捐赠了 3000 元。虽然今年你比我多捐了 2000 元，但明年你的收入可能会比我多 7500 元。

我想，如果家长们相信给予者可以成为最成功的人，而最成功的人，包括高财商的人，也往往是给予者，那我们就应该鼓励和引导孩子从小就关心他人和社会的福祉，同时也要设定提升自身利益的宏伟目标。前几年，马云在 1995 年试图阻止五六个人偷井盖的

---

1 Arthur C. Brooks, Who Really Cares (New York: Basic Books, 2006), Does Giving Make Us Prosperous? Journal of Economics and Finance 31 (2007): 403–411; and Gross National Happiness (New York: Basic Books, 2008).

视频在网络上传开。他来回跑了几趟，没找到警察和帮手，最后自己一个人勇敢地对着这些人说："你给我抬回去！"有很多人在研究马云，我想一个重要的研究角度应该是他是否是一位真正的给予和分享者，是否真正地关爱他人和服务社会（他有宏伟目标是毋庸置疑的）。我在本章开始谈论的女经理，在我的眼中显然是一位成功的给予者——她不但关心和帮助他人，对自己事业的发展也有很高要求。她曾不止一次和我说，她就是想在业务上争第一。

一项在 573 对双胞胎（包括异卵双胞胎和同卵双胞胎）中开展的遗传学研究[1]表明，我们表现出的慷慨、利他行为中，有 1/4 到超过一半是由遗传决定的。也就是说，一个人能否成为给予者，先天因素影响很大，后天环境的影响也很重要。如果在孩子成长过程中，父母经常给予（包括捐献和做志愿服务）并经常和孩子谈论给予，孩子就会倾向于给予。如果家长本身就不是给予者，从来没有捐过款，没有为一些有意义的事业无偿奉献过自己的时间和才干，那么要培育自己的孩子成为给予者是相当困难的。

有些家长也许会埋怨："我上有老下有小，工作压力大，房子、教育、医疗都这么昂贵，我哪里有时间和金钱去给予和分享？"其实是否给予和分享更多的是价值观问题，而不是时间和金钱问题。

小时候我住在奶奶家，那时候 10 多户人家住在一个大院子里。奶奶家很穷，七八个人挤在两间瓦房里，每天还得到大院外的一口井里挑水。奶奶每日除了要为一大家子烹煮三餐、洗衣清扫，还要带我和表弟两个淘气包。奶奶虽不太识字，不懂什么大道理，但她

1 Rushton, J. Philippe, David W. Fulker, Michael C. Neale, David KB Nias, and Hans J. Eysenck. Altruism and aggression: the heritability of individual differences. Journal of personality and social psychology 50, no. 6 (1986): 1192.

却是位典型的给予者。她经常帮大院里的一位独居老人烧饭做菜、清洁屋子，甚至洗衣服。如果邻居家需要帮手，只要她有时间，她都会乐意去帮忙。奶奶信佛，她虽然一辈子很清贫，但每到初一、十五她必到我们当地的寺庙烧香拜佛，捐点钱，哪怕只有几毛钱。奶奶过世 10 多年了，我现在每每碰到需要给予的情况，无论是捐钱、捐物还是给予时间或分享自己知道的点滴，我总会不经意地想到她，自问："如果奶奶还在，她会不会赞许我这么做？"

给任何人 5 分钟的恩惠

人能够给予他人的最珍贵的礼物不是钻石、豪车或名包，而是全身心地关爱需要帮助的人。

亚当·李夫金（Adam Rifkin）是硅谷的创业家。他在 2005 年创办了一个由创业者、工程师和朋友组成的专业网络——"106 英里"。该组织每月会在硅谷和旧金山聚会两次，所有与会者可以畅所欲言。李夫金有个基本助人原则——5 分钟的恩惠。"你应该愿意为任何人做一些只需 5 分钟或更少时间就能完成的事情。"他认为人们应该把这种给予者网络看作是为所有人创造价值的工具，而不仅仅是为自己。他相信这种给予者网络可以根除传统的互惠准则（你对我好，我才对你好），对所有相关人员都是高效有利的。

曾受惠于李夫金的创业者尼克·沙利文说："亚当对我们所有人都有同样的影响：激励我们帮助他人。"另一位受惠者说："亚当总是想确保接受他给予的人也会同样给予别人。如果人们从他的建议中受益，他会确保这些人去帮助其他人。这样才能建立一

个网络，网络中的每个人都在互相帮助，不断向前发展。"[1] 如今
"106 英里"已经有超过 9000 名成员。[2]

在 2020 年 10 月，华裔船王赵锡成博士在上海交大北美校友会
组织的"炉边对话"中是这样回答他的成功秘诀的："这个和我自
己的出身背景有关。我的爸爸妈妈是非常乐观看得开的人。他们
非常（重视）关心、帮助他人。我们家里是吃了早饭就没有中饭，
吃了中饭就没有晚饭的，但爸爸妈妈非常大方，常请人吃饭。自
己没钱吃饭，到外边借，常常在客厅里很开心，但在厨房里捉襟
见肘。我们是一直乐于帮助大家的家庭。我成功后，也非常乐于
帮别人的忙……自我帮助，同时帮大家解决问题是我的乐趣也是
我的盼望。"在回应回馈社会、在哈佛捐款设立赵朱木兰中心[3] 时，
他的回答是："大家都知道我非常慷慨，我愿意跟大家分享。我有
四个女儿毕业于哈佛商学院。很多人想捐钱给哈佛，但哈佛不随
便接受捐款，非常谨慎。我感觉到非常荣幸。我们非常乐意提供
帮助，我还想提高亚裔美国人的地位，表明亚裔也可以为这个国
家做出很大的贡献。"[4]

约翰·洛克菲勒一生热衷于慈善，这和他母亲的言传身教是分
不开的。洛克菲勒一家每次去教会，母亲伊丽莎（Eliza）都会鼓
励孩子们将一些硬币投入募捐盘里。洛克菲勒后来将对慈善事业
的热爱归功于母亲无私奉献的精神。他从小就认定"赚钱，然后
捐钱，这是一个永无止境的过程"。他说："我始终认为，体面地
得到我所能得到的一切，并尽我所能地给予，这是一种责任。当

1 Grant, Adam M. Give and take: Why helping others drives our success. Penguin, 2014.
2 https://www.meetup.com/106miles/.
3 赵锡成捐献了 4000 万美元给哈佛大学设立"赵朱木兰中心"。赵锡成与哈佛大学约定，
　从 4000 万美元中拨出 500 万美元，在校内设立"朱木兰奖学金"，每年资助六名华
　裔学生到哈佛商学院深造。
4 这两段话是我根据 2020 年 10 月 3 日赵锡成博士在网络会议上的发言整理的。

我还是一个孩子的时候，我就这样被教导。"洛克菲勒 16 岁正式工作。在他工作的第一年，他把工资的 6% 捐给了慈善机构。"我保留了我最早的账本，当我一天只挣 1 美元时，我会捐出 5 美分、10 美分或 25 美分。"到 1859 年，他 20 岁的时候，他为慈善事业的捐赠超过了他收入的 10%。[1] 他曾说过："如果我没有把我第一份工资（每周 1.5 美元）的 1/10 捐出去，我就不可能将我赚得的第一个 100 万美元的 1/10 捐出去。"[2]

洛克菲勒不但自己坚持给予，还确保自己的儿孙们能够继承这样的精神。每次和孙子孙女们一起吃早餐，洛克菲勒总会给他们每人发一枚五美分硬币，并给每人一个亲吻。"你知道吗，"他会问，"什么会对祖父造成很大的伤害？当我知道你们中的任何一个变得浪费、挥霍钱财时（我会受到很大的伤害）……小心点，孩子们，这样你就能永远帮助不幸的人了。这是你们的责任，你们绝不能忘记。"洛克菲勒的孙辈们后来把他们的慈善管理理念归功于他们的祖父和父亲的谆谆教诲。

适合不同年龄孩子的给予和分享建议

3~5 岁的孩子

不少人可能会认为孩子天生是自私的。事实上，很多孩子也会发自内心地帮助他人，利他主义即使对很小的孩子也有内在的回

---

1 Chernow, Ron. Titan: The Life of John D. Rockefeller, Sr. Vintage, 2007.
2 John D. Rockefeller, I never would have been able to tithe the first million dollars I ever made if I had not tithed my first salary, which was $1.50 per week.

报，而且给予会比接受更让他们快乐。孔融四岁让梨的故事妇孺皆知。虽然不同人对让梨的故事有不同的解读，但即使很小的孩子也能懂得给予和分享却是不争的事实。这种意识有天生的因素，也有后天环境熏陶的因素。

孩子与布偶猴子

不列颠哥伦比亚大学几位心理学家研究了一些 22～23 个月大的幼儿，他们发现无私给予的行为会让孩子们更开心。[1] 由于这些刚学会走路的幼儿还未充分体会到给予和友善的社会价值，他们无私的行为可以理解为更多地是出于天性。

在实验中，实验者将一只布偶猴子介绍给孩子，告诉他们布偶猴子很"喜欢吃东西"。接着，实验者会将 8 块小熊饼干或金鱼饼干送给这些刚学会走路的孩子，并明确告诉孩子，这些饼干都属于他们。

给予带来幸福的实验，
来源：UBCHamlinLab

然后，实验者按照不同的顺序又做了几件事情：取出另一个饼干，在孩子观看的时候给猴子吃；取出另一个饼干，先送给孩子，然后让孩子把饼干给猴子；或者让孩子把自己 8 块饼干中的一个与猴子分享。

在此过程中，几位独立观察者会对三种情况下幼儿的幸福感进行评估。研究结果表明，孩子们送出饼干时比接受饼干时更快乐；

---

1 Aknin, Lara B., J. Kiley Hamlin, and Elizabeth W. Dunn. Giving leads to happiness in young children. PLoS one 7, no. 6 (2012): e39211.

当他们从自己的 8 块饼干中拿出 1 块送出时，他们表现出的幸福感最强；这种"昂贵的馈赠"甚至比接受一个新饼干再送出更让他们快乐。

　　这项有趣的研究表明，孩子们可能不需要外界的奖赏就会友善、乐于分享，因为人类进化至今日，给予会让人产生积极的情绪和满足感。和这项研究相呼应的是一个针对奖励对幼儿（20 个月左右大）利他行为影响的研究。[1] 研究者们发现那些获得物质奖励的幼儿和获得赞扬或根本没有奖励的幼儿相比，帮助他人的可能性更小。这种所谓的"过度正当化效应"（overjustificaton effect）表明，即使是婴幼儿，也有内在的"冲动"去帮助他人，去和他人分享。奖励可能会诱导孩子只在拿到好处的时候才会对人友善，而赞扬却能传达出这样的信息——与别人分享的行为本质上就是有价值的。

　　作为 3～5 岁孩子的家长，我们需要仔细观察孩子的言行，不要强行迫使孩子做出分享的举动。不要说，"如果你不分享或给予，我就没收你的玩具"；也不要说，"好孩子，如果你分享或给予了，我就给你冰激凌"。我们应尽可能地鼓励孩子："你愿意和小明分享巧克力吗？还记得几天前小明将他的玩具火车给你玩，你是不是很开心啊？分享是不是很开心啊？"当孩子给予他人或和别人分享时，家长应该及时地赞扬，而不要有物质奖励。我们应让孩子们在成长过程中看到自己是善良的和乐于给予的，让他们觉得自己做好事是因为他们想做，而不是因为别人期望他们这样做。

　　家长的言传身教也特别重要。无论在中国还是美国，在大都市还是小城镇，在地铁里还是街角处，我们都会碰到乞丐。如果

---

1 Warneken, Felix, and Michael Tomasello. Extrinsic rewards undermine altruistic tendencies in 20-month-olds. Developmental psychology 44, no. 6 (2008): 1785.

我们带着 3~5 岁的孩子碰到乞丐，我们是给钱还是不给？在过去很长一段时间里，我一般不会给这些人钱（特别是年纪较轻、看上去身体健康的乞丐），因为我觉得这些人完全有能力自食其力。对于那些穿着特别邋遢的乞丐，我也不会捐钱，因为我觉得人即使再穷，也可以做到不邋遢。但有了孩子后，我的观念有所改变。一方面，我希望孩子乐于助人，乐于给予，充满同情心。如果我给他 1 元钱的行动让孩子更加懂得帮助他人，同情弱者，即使这个乞丐是骗子或是个大懒虫，又有何妨？另一方面，随着我自己阅历的增长，我意识到通过外表（是否年轻、是否邋遢）来判断一个人的局限性。比如，有没有可能这个人身体虽健康，但心理问题很严重？如果我这时送给他一些钱，说些鼓励他的话，会不会给他很大的帮助？是否给乞讨者钱，要个人决定，我们可以给，也可以不给。但如果孩子在身边，我们最好和他们解释清楚，为何给，或者为何不给。即使不给乞丐钱是你的原则，你也要鼓励孩子在其他方面多给予、多分享。

橡胶锤与红酒

借出橡胶锤，得到红酒

过去很多年中，我家对门的房子是个出租房，里面的房客经常换，我们也从来没有见过房东。2019 年，房东决定将旧房子推倒，重建一个豪宅，自己和两个孩子搬进来住。2020 年 9 月的一天，我独自一人在家办公，看见窗外对门房东在将刚刚铺设好的人行道上的一些青砖掀起来。出于好奇，我观看了一会儿。原来，房东觉得人行道铺设得不平整，需要重新夯实。由于我之前有平整我家车库前地面的经验，我一看就知道他少一个橡胶头的锤子，这种锤子可以直接在砖头上击打而不至于将砖头击坏。我当时也没有多想，就从工具箱里拿了橡胶锤，出门递给了他。其实在这之前，我只和他聊过一次，连他叫什么都不知道。他有点吃惊地连声道谢，说他可能要过几天才能还给我。我告诉他尽管用，什么时候用完了什么时候还给我。

几天后的一个傍晚，我和孩子从公园回家，那位房东叫住了我们。然后他从他的车厢里取出了橡胶锤和一个袋子。当他将袋子递给我的时候，我才发现袋子上印的是"感谢你"（Thank you），袋子里是一瓶红酒。进了家门后，孩子惊奇地问我为何邻居要送一瓶红酒给我们？我觉得这是一个绝好的"可教时刻"，于是又和他们强调了给予者、索取者和匹配者的区别，以及什么是舍，什么又是得。

享受舍与得的快乐

对于此阶段的孩子，家长应尽可能地和孩子一起参与一些合适的给予或分享活动。比如，小区里如果有生活困难的家庭，家长可以和孩子一起烘烤糕点，让孩子送过去。

我的邻居玛丽亚太太自己一人带着先天脑瘫的 30 多岁的儿子生活，我们时常送一些自己烘烤的饼干给她。每次，我们都让我女儿送过去。玛丽亚也经常送我女儿一些小玩具和买的点心。现在我女儿每次见到玛丽亚都特别开心，还时常和她交流几句。我想女儿是很享受舍（送饼干）和得（接受玛丽亚的小礼物）所带来的喜悦的。我们也和两个孩子讲述玛丽亚的不幸。她怀孕 7 个多月的时候出了严重车祸，导致胎儿脑部受伤并早产。上天没有给她重新选择的机会，她和她先生不得不照顾脑瘫的儿子一辈子。几年前，她先生实在受不了，希望在晚年能够有自己的生活，和她离婚了，坚强的玛丽亚就一个人带着儿子。我们和孩子谈论这些是为了培养他们的同情心和同理心，让他们了解这个世界上有很多不幸的人需要我们帮助。

家长可以联合其他几位家长进行书籍互换。新冠肺炎疫情在美国的大流行迫使很多家长和上学的孩子在家办公和学习，我们当地的图书馆也关闭了 5 个月。为了让孩子们能够读到更多的纸质书籍，我联合几位家长，将各自家中的中英文书籍拿出来进行互换。这样不但解决了书籍少的问题，节约了自购新书的费用，还让孩子们懂得 1+1 > 2 的道理和分享的快乐。

家长也可以带着孩子参与一些公益活动。比如，带孩子在小区、湖边或公园捡垃圾；带着孩子去敬老院，鼓励孩子和老人们聊天、做游戏等。家长要时刻意识到成人的榜样力量是非常强大的。

6~12 岁的孩子

此年龄段的孩子在家长的熏陶下应该明白给予和分享是一件好事，是一种责任，而不单单是好玩。那些比较幸运的拥有更多金钱和物质的家庭应该帮助那些家境清贫的家庭，帮助他们获得一些需要却负担不起的东西。

疫情提供的给予和分享的机会

我所生活的新泽西州是美国最富有的州之一，但这次新冠肺炎疫情让我们和孩子对给予和分享的意义有了全新的认识。2020 年 3 月，疫情在新泽西和纽约大流行后，所有的大中小学学生都被迫在家学习。但几个很现实和残酷的问题立刻摆在了社会面前。

首先，是贫困家庭的中小学生的吃饭问题。很多低收入家庭的孩子可以在学校免费吃早餐和午餐，学校关门了，他们可能就要饿肚子。为了解决这个问题，一些城市，包括我所在的李堡市专门设点派发免费午餐，但这也只能缓解问题。因为，或出于羞愧，或因为没有交通工具，或因为怕麻烦，很多人不愿意到指定地点排队领餐。

其次，一些贫困家庭没有电脑，如何上网课？有些家庭只有老式的台式电脑，没有摄像头，无法和老师在线上进行有效沟通。我所在的新泽西理工学院就有不少这样的学生。对于没有电脑的学生，我们学院将多余的手提电脑借给他们；对于有电脑没有摄像头的学生，我们采购了一些摄像头给他们用。由于全美很多地区几乎同时完全靠网上授课，电脑摄像头一下子脱销了，我还不得不在天猫上购买了 10 个摄像头，从中国快递到美国，捐给了学校。

再有，最痛苦的和最困难的是，有的学生家长因新冠肺炎失业或去世了。我们学院就有学生父母同时失业，有学生父亲去世的，有两个孩子（在职学生）感染病毒……这些学生的世界一下子全变了，如果得不到及时的救助，他们很可能就会辍学，甚至是流落街头。我们学院在 2020 年 4、5 月份购买了一些小额的现金电子卡发给特别困难的学生，但作为公立大学下面的一个学院，我们所能做的受到诸多限制。

面对新冠肺炎疫情，每个个人和家庭能够做的很有限，但是如果所有的个人和家庭都伸出援助之手，都慷慨地给予和分享，那所发出的光辉和能量是无可比拟的。新冠肺炎疫情的暴发对全球所有国家和很多家庭来说都是很不幸的事情，但从另一侧面来看，这也是一个绝好的教育孩子成为给予者的机会。

儿子和女儿在家上网课后，一开始他们觉得没有什么，根本没有想过其他同学的家庭可能面对的困境，只是觉得在家学习没有在学校那么好玩。当我和太太向他们解释有些同学很可能因学校关门吃不饱饭，因家里没有电脑而上不了课，或因父母没有时间和能力辅导他们而和同学的差距越拉越大后，他们才逐渐意识到问题的严重性。

我问："对于那些吃不上早餐和午餐的同学，我们怎么才能帮助他们？"

"我们捐钱给他们。"儿子边回答，边跑上楼将他的给予罐拿给我。

"你要捐多少钱？"

"全部！"

罐子里大约有 16 美元，是儿子过去几周扫地拖地的劳动所得。孩子能有这样的心，作为家长，我很欣慰。

女儿一开始不太想捐，她说她想将自己的钱留着，等她长大了再用。我引导她说，你愿意看到你的同学挨饿吗？她说不愿意。然后她想了一会儿，问我："如果今后我们有困难了，别人会捐给我们吗？"我说当然会！女儿说："那好吧，我捐一半的钱。"

我有点惊讶刚刚 6 岁的女儿能够这么思考问题。她的思维虽然和"匹配者"而不是"给予者"更接近，但她的决定是慷慨的——将所赚的钱的一半捐出去。而且，她具有忧患意识：虽然目前我们生活得不错，可以帮助他人，但未来我们也可能需要别人的帮助。

我接着问他们："有些同学家里没有电脑，他们没有办法上网课学习，我们怎么帮他们呢？"

"将我们的电脑借给他们。"他们异口同声地说。

"那你们自己就没有电脑学习了！"

"那我们将家里的 iPad 借给他们吧！"女儿建议道。

虽然将自己用的电脑或 iPad 借给同学有点不太实际，但孩子们天真的回答却体现了他们乐于分享的意识。当人们知道他们可以相互依赖时，社会就更强大了。

和孩子一起给予

2020 年 1 月，新冠肺炎疫情在全国暴发，很多地区医院的防护用品奇缺。当得知家乡泰州的医护工作者第一时间奔赴湖北参加疫情防控阻击战，泰州各大医院医护用品，特别是安全性能高的医用口罩紧缺后，我们几个泰州中学的校友于 2 月 12 日发起了为泰州医护工作者捐赠医护用品的公益活动。短短 8 天的时间，我们共计收到海内外校友捐资 186 笔，金额超过 17 万元人民币。其中有不少捐赠是校友携孩子一起捐的。

有些校友是按班级捐赠的，"班里 30 位同学参与，母亲、孩子、二宝全家齐动员"。我想这样的经历对于家长和孩子来说，都是终生难忘的。

2018 年秋，深受老师和学生爱戴的我所在学院的老院长雷吉·卡德尔（Reggie J. Caudill）教授决定提前将院长位置让出。他已近古稀，即将退休。在他的领导下，我们管理学院发展得很快。作为他一手提拔成长起来的副院长，我很幸运能够近距离地学习他的善良、正直和包容。得知他的决定后，我就琢磨如何为他做点什么。在 2019 年年初，我私下联系了几位同事和学院董事会主席，建议以他的名义筹款设立永久性奖学金。我的提议很快得到所有人的积极响应。在 3 个月内，前后有 36 人捐款，捐赠总额超过 11 万美元，捐款者包括他的同事、他之前的博士学生、合作者等。最让人感动的是几位在校的尚未工作的学生还联合起来捐赠了 860 美元。这一切都是在他本人不知情的情况下进行的。5月 17 日，我们背着他邀请了他的太太、三位女儿和三位女婿到学校，正式宣布"Reggie J. Caudill Endowed Fellowship in Business

Data Science "（雷吉·卡德尔商务数据科学奖学金）设立。

那天我也将儿子带到了学校，我希望他通过参与这些活动知道更多地感恩和给予。当我在台上发言的时候，一位同事帮我的儿子拍了张照片，告诉我说："你的儿子很自豪！"

儿子看着我在学校讲话

作为家长，你要想让孩子成为一个给予者，就要经常和孩子谈谈你在做什么及为什么给予很重要。联合国基金会和印第安纳大学妇女慈善研究所的研究人员追踪了 900 名儿童在一年中的慈善行为[1]，然后在 5 年后对他们进行了跟踪调查。此项研究探讨了父母教育孩子进行慈善给予的两种方式：与孩子谈论捐赠和塑造捐赠者的角色。塑造捐赠者的角色指的是父母身体力行对慈善事业做出贡献。研究者发现，单靠塑造捐赠者的角色似乎不如和孩子谈论捐赠更有效——与孩子谈论捐赠会极大地增加孩子捐赠给予的可能性（增加 20%）。"与孩子谈论慈善捐赠的父母可以对孩子的慈善行为产生积极影响，"参与该项研究的乌纳·奥西里（Una Osili）教授说，"父母对慈善事业的捐助不足以教会孩子做慈善。通过和孩子们谈论慈善事业，集中地、有目的地教导才是有效的。对所有收入水平的家庭中的儿童来说

1 Mesch, Debra, Una Osili, Jacqueline Ackerman, Jon Bergdoll, Tessa Skidmore, and Andrea Pactor.Women Give 2020.(2020).

都是如此，而且跨越性别、种族和年龄的差异。"[1] 该项研究还显示孩子们其实都是慈善家。有近九成的 8～19 岁的孩子会捐钱给慈善机构。

在 2019 年，我承诺每年会向雷吉·卡德尔商务数据科学奖学金捐赠 1000 美元。每次捐赠后，我都会收到基金会的感谢信。收到信后，我会让儿子读一遍，并和他谈论我为何要捐钱给这个奖学金，谁会从中受益。我这么做不是为了在儿子面前炫耀，而是有目的地教导他慈善的意义。

适合 6～12 岁孩子的给予和分享

在自家庭院或小区组织旧玩具、不用的书籍、闲置衣服等旧物的售卖，并将售卖的部分收益捐出是适合此年龄段孩子的不错的活动。

首先，为了说服孩子们捐出旧物，家长可以告诉他们可以保留一半的收益，并由大人将剩余的钱通过某种方式捐献出去。

其次，家长可以和孩子商量如何给不同的东西定价。比如，要卖的是原价 200 元的玩具，孩子没玩过几次，还很新，家长可以这么和孩子说："这件玩具爸爸去年买的时候花了 200 元，还很新。你觉得我们卖多少比较适合呢？"这时候，年纪较小的孩子可能对价格没有太多概念，这不要紧。家长可以说："那我们定 80 元，可以吗？"家长接着应该向孩子说明定价 80 元的理由：如果定价太高，比如 180 元，结果可能是没有人愿意买；如果定价太低，如 20 元，会很抢手，但售卖所得资金就少很多，能够捐献出去的钱也就少很多。让孩子参与的目的是让他们感觉到他们参与了劳

---

1 Wallace, Kelly, Teaching Kids to Give as They Receive. CNN, December 22, 2015.

儿子做的手链

动，参与了决策，钱是自己赚的。

再有，整个售卖活动需要孩子全程在场。不能摆好摊后，孩子就一边玩去了，而让家长站在那里。因为，买卖的过程也是非常好的提高孩子财商的过程：讨价还价，观察购买者如何检查物品质量等，都很锻炼孩子。

家长应该帮助孩子意识到捐献时间和才干也是非常有价值的。比如，绘画好的孩子可以画一些画义卖，手工好的孩子可以做些手工制品义卖或送给需要的人。去年，我儿子和几个同学学会了用不同颜色的小橡皮圈做成精致的手链。我觉得很漂亮，就建议他如果需要筹钱捐献，可以多做几个手链卖钱。稍大点的孩子也可以帮助困难家庭照看小弟弟、小妹妹几小时。

为了让给予成为孩子的一种习惯，家长可以和孩子约好，在某些情形下或某些特殊日子，孩子必须给予。过去几年，儿子一直用可汗书院（Khan Academy）学习数学。我和儿子约定，他每学习完一个年级的数学课程就要捐一定数目的钱。比如，学完 5 年级的数学，就捐款 5 美元。钱是我在网上捐的，但儿子要从他的给予罐里将钱拿出来给我。

有些家长会让孩子在生日的那天做一些公益，比如将自己的一件生日礼物捐给贫困的孩子。在美国有一个叫生日伙伴的公益网站（www.birthdaybud.org）。在上面注册后，该网站会将你的孩子和另外一个年纪相仿、生日相近的贫困孩子配对。在生日伙伴生日前 3～4 周，该网站会从生日伙伴父母那里获得一份有趣的请求列表及一份基本生活需求清单。一收到具体列表和清单，家长就可以和孩子商量要花多少钱、买什么东西了。可以直接将礼物寄给生日伙伴，也可以通过网站将礼物转寄给对方。

家长还可以带着孩子去养老院帮忙清扫房间、做饭等。如果家附近有些比较持久突出的社会问题，比如，小区入口处经常堵车，离小区不远处的高架桥出口经常出车祸，贯穿本街道的小河污染严重等，家长也可以带着孩子一起去观察、研究，共同提出解决方案。堵车是因为商贩随便停车吗？经常出车祸的地方是不是需要增设红绿灯或增添醒目的交通标志？污染是因为某家工厂偷偷排污，还是附近居民乱倒垃圾？针对这些社会问题的观察和思考，不但会增强孩子发现问题、解决问题的能力，更能培养他们关心社会、回馈社会的心。

家长带着孩子一起做公益时，最好选择本小区、街道的公益项目。这样孩子可以直接将付出和成效联系起来。而且这么做还能让孩子更加了解影响本社区的问题，如河道污染问题。就近选择公益项目还有一个好处就是，在需要捐钱的时候可以用现金而不是电子支付。现在微信、支付宝转账特别方便，但是家长在手机上划两下将钱捐出去和带着孩子亲手将攒的钱捐出去，给孩子的感触是完全不一样的。

注重赞扬品格

在"财富来自努力工作"一章中，我提到，心理学家克里斯托弗·布莱恩的研究成果显示家长应该感谢孩子"成为帮手"，而不是简单地感谢他们"帮忙"，前者会显著增加孩子的工作热情。

在鼓励道德行为方面，使用名词（贴上标签）往往比使用动词（做了什么）更管用。比如，布莱恩的另一项研究[1]发现，如果在做

---

1 Bryan, Christopher J., Gabrielle S. Adams, and Benoît Monin. When cheating would make you a cheater: implicating the self prevents unethical behavior. Journal of Experimental Psychology: General 142, no. 4 (2013): 1001.

金钱实验前，叮嘱一部分参与者"不要偷窃"，而叮嘱另一部分参与者"不要成为偷窃者"，二者相比，前一部分参与者实际偷窃的钱要比后一部分参与者多得多，可以说后一部分参与者根本没有任何偷窃的行为。布莱恩这两项研究显示了微妙的语言差异可以产生强大的力量，我们可以通过唤起人们保持良好自我形象的愿望来鼓励道德行为，防止不道德行为。同样，我们在鼓励孩子成为一位给予者的时候，也许称赞孩子是个"慷慨的给予者"比说"你的给予很重要"会更有效。

亚当·格兰特在为《纽约时报》撰写的一篇观点文章[1]中讨论了两位学者琼·格鲁塞克（Joan E. Grusec）和艾丽卡·雷德勒（Erica Redler）针对称赞慷慨行为和称赞慷慨品格的研究[2]。在一项巧妙的实验中，一群 7~10 岁的孩子赢得了弹子球，在格鲁塞克和雷德勒的诱导下，孩子们会或多或少地将一些弹子球捐给贫穷的孩子。之后，研究人员随机地给予孩子不同的表扬。对于其中的一些孩子，他们表扬了行为："你把一些自己的弹子球给了穷孩子，这样做真好。是的，这是一件善良、帮助人的事。"对于另一些，他们则表扬了行为背后的品格："我觉得你是那种只要能做到，就会帮助别人的人。是的，你是一个很善良、乐于助人的人。"

两个星期后，当孩子们再次有机会给予和分享时，那些品格受到称赞的孩子，要比行为受到称赞的孩子慷慨得多。称赞孩子的品格，能够帮助孩子们把慷慨内化为自身认同的一部分，孩子们通过观察自己的行为了解到自己是一个怎样的人：我是一个乐于助人的人。

---

1 Adam Grant, Raising a Moral Child, April 11, 2014, New York Times.

2 Grusec, Joan E., and Erica Redler. Attribution, reinforcement, and altruism: A developmental analysis. Developmental psychology 16, no. 5 (1980): 525.

格鲁塞克和雷德勒还发现赞扬品格似乎对 8 岁左右的儿童最为有效，儿童对自身身份的认识可能就是在这时开始形成的。而孩子到 10 岁时，称赞品格和称赞行为的差别就消失了：两者都有效果。

13 ~ 18 岁的孩子

对于中学生来说，一方面，他们的学业比较繁重，可能没有太多的时间参与各种与给予相关的活动；另一方面，他们赚钱的能力相比小学生来说要强很多，他们也相对更有才干，更成熟。虽然孩子仍然需要家长的帮忙和指导，但孩子应该在给予方面有更大的话语权，甚至是主导权（只要孩子是用自己赚来的钱给予）。

做公益活动的志愿者

中学生可以在当志愿者的过程中贡献自己的才干和时间。这对于多数中学生来说都是切实可行的。在我写这一部分的时候，一位老乡在群里发布了他儿子组织公益活动的信息。他上 11 年级（相当于国内的高二）的儿子。联合了几位高中同学，设计了针对中小学生的免费公共演讲课程。我立刻帮儿子报名了，并问这位老乡，是什么促使他儿子做这样的公益事务？他说："他从初中就开始做义工，开始是教老人使用电子设备，后来是带初中生参加阅读俱乐部。他自己一直参加辩论赛和 Model UN（模拟联合国）比赛，所以疫情期间，就很自然地和几个同学发起了这个组织，这也是对自己领导力的锻炼。"很感恩这位老乡的孩子有此义举，让千里之外、从未谋面的孩子受益，也很为老乡开心，能够有这样一个乐于并有才干给予的孩子。

美国很多州都要求高中生在毕业前必须完成一定时间的社区服务。比如，在得克萨斯州，与家庭和社区服务相关的课程会占 0.5 ~ 1 个学分。学校将为学生提供机会为个人、家庭和社区服务，课程的重点是发展和提高学生的组织和领导能力。

我所在的新泽西州也很注重培育学生服务社区的意识。作为志愿者，我曾带了一名12年级（相当于国内的高三）的高中生做研究实习。他叫艾萨克，是位韩裔美国人。他特别优秀，高中成绩几乎全部满分，美国高考（SAT）成绩为1550分（满分1600分）。但最让我惊叹的倒不是他的成绩，而是他多年来坚持参与各种志愿者活动。作为一个乐队的指挥，他经常到医院、养老院、教堂和商场义演；作为国际慈善翻译者，他会将受资助儿童的信件从英文翻译成韩语；他也曾去过危地马拉，教当地的孩子英文。

我问他除了能够帮助他人、服务社区，做义工对他有什么特殊意义。他说参与义工活动，让他结识了不少新朋友，锻炼了沟通和组织能力，对一些工作岗位有了更多的了解，也有助于优化简历和大学申请。我虽然没有告诉他，但心里觉得艾萨克很有潜质成为一名成功的给予者——不但关注他人，而且也非常在意自己的发展和自身利益。

公益项目总体来说分几大类：帮助弱者（孩子、孤寡老人、重病患者、流浪汉、无家可归的动物等）、帮助对社会贡献大的非营利机构（学校、图书馆、博物馆、社区医院等）、保护环境（植树，保持河道、海滩、公园等的清洁，降低噪声、光、空气污染等）、节约能源（节水、节电等）、降低犯罪/维护治安等。

家长和孩子在选择公益项目时，应尽量先从身边做起——为本小区、本街道、本校做点实事，贡献一点力量。孩子可以像艾萨克那样在附近的医院、图书馆、博物馆、红十字会、养老院等地方做义工，也可以像我老乡的孩子那样，教老人使用电子设备，帮助低年级的学生阅读、学数学等。

我至今还记得我在上海交通大学徐汇校区读书的时候，晚上学校不少教室被各种补习班、夜大的学生占据。那些学生 9 点钟左右上完课后，很多都忘记关灯，导致很多教室很长时间灯在亮着，但里面没有一个人。

有一天，我决心要数一数这样的教室有多少，会造成多大的浪费。那天晚上，我花了大半个小时，跑了各大教学楼。第二天，我写了一份报告投到校长信箱了。具体写的什么我忘记了，大概就是交大每年因此会浪费很多钱。虽然学校并没有对我的提议做出回复，但我觉得自己做了一件正确的事情。当时，交大有些厕所无论是否有人使用都会每隔一段时间自动冲洗便池，我也觉得特别浪费，特别是在夜间。其实，只要留心，家长和孩子就会发现身边很多类似的例子。

在决定参与某项公益活动前，家长要注意一点：不要掏钱做义工。有些营利性组织和个人利用家长和孩子想服务他人、回馈社会，但又对各类公益项目不熟悉或怕麻烦的心理，组织一些"公益活动"，比如在偏远山区支教，同时向家长收取不菲的费用。孩子做义工时，可以支付自己的路费、餐费等费用，但不应当支付所谓的管理费、组织费。如果需要住宿，也不宜住在高级酒店。在美国，因志愿服务活动而产生费用是可以抵税的，包括差旅费、餐费、交通费等费用。

贡献自己的创意

一些时候，最佳的给予不是金钱，而是创意。在社交网络时代，一个好的创意可能产生巨大的社会和经济效应。

2014 年风靡全球的"冰桶挑战赛"（Ice Bucket Challenge）就是一个绝佳的公益创意。该活动要求参与者在网络上发布自己被冰水浇遍全身的视频内容，然后该参与者便可以要求其他人来参与这一活动。活动规定，被邀请者要么在 24 小时内接受挑战，要么就选择为肌肉萎缩性侧索硬化症患者（渐冻人，英文简称 ALS）捐出 100 美元，或两者都做，完成后还可指定 3 名挑战者。包括小布什、比尔·盖茨、勒布朗·詹姆斯、李彦宏、王石等各界名流纷纷湿身出镜。该活动在美国募捐到了 2.2 亿美元。2016 年 7 月，美国 ALS 协会宣布，得益于冰桶挑战赛的捐赠，马萨诸塞州州立大学医学院已经确定了导致这种疾病的第三个基因。

当然，在现实生活中像冰桶挑战赛这么成功的公益创意少之又少。不少创意，哪怕事后觉得很好，当时也未必会被人采纳。1994 年，我上大学二年级。一个周末，在陪妈妈在上海市区游玩了两天后，我发现上海如厕难，而且很多厕所特别脏。我于是深入思考了这个问题，并给时任上海市主要领导的黄菊写信，建议上海通过招投标的方式，以低成本甚至零成本在短时间内建设各色各样的有广告宣传价值的厕所。比如，可乐公司可以建造一个外观类似可乐瓶的厕所，汽车公司可以建造外观为汽车的厕所，电视机厂家可以建造一个电视模样的厕所……这些企业承担厕所的建设和维护成本，但厕所的广告宣传权和合理收费权归这些企业。我至今保留着上海市办给我的回信，说是已经将我的信转给了相关部门。20 多年后，我才知晓德国"茅厕大王"汉斯·瓦尔（Hans Wall）早在 1990 年就将类似的创意在德国实施了。瓦尔的公司向柏林市政府免费提供公厕设施。作为回报，瓦尔的公司获得了这些厕所外墙广告的经营权。它把柏林的很多厕所外墙变成了广告墙，由于瓦尔的公司的墙体使用费用比一般广告媒介低，很多大牌公司都在厕所做过广告。

中学生的精力特别旺盛，思维特别活跃，点子也特别多，可以鼓励他们多多贡献自己的创意，同时告诉他们，不能因为自己的创意不被采纳或重视而气馁，应该坚持去思索。现在想想，我当时的冲动——怀着公益心给市领导写这么一封信——已经变成了美好回忆的一部分。

捐献钱物

中学生可以在家长的指导下给某个慈善组织、机构、活动捐钱捐物。中学生捐的钱应该是自己的劳动所得或平时积攒的（包括长辈给的压岁钱、父母平时给的零花钱），捐的物也应该是自己的，比如旧衣物、旧书包等。

中学生的捐赠应该有计划、系统地进行。比如每年春节后，家长可以要求孩子拟定今年的捐赠计划。一般春节期间，孩子会收到压岁钱。孩子可以估算在未来一年的劳动所得、零花钱的积累，在此基础上，可以结合自己的意愿和家长的引导来设计捐赠计划。捐赠计划应该尽可能地具体，这样才有更大的可能被最终实施。比如，孩子决定今年捐赠 500 元，捐赠的对象待定，但肯定是某一动物保护组织，会在暑假结束前完成对相关慈善机构的研究并选定 1~2 家作为捐赠对象（如有可能会在暑假实地走访这 1~2 家机构的工作场所），捐赠会在 9 月底完成。

中学生应该有能力去研究感兴趣的慈善机构或某慈善活动。比如，在同班同学的介绍下，孩子考虑向某个慈善机构捐钱。在做捐钱决定前，家长应该要求孩子做足功课：深入研究该慈善机构的所作所为、历史沿革、相关新闻报道、主要负责人的履历、年度报告等。

本章探讨的是给予和分享，最后讲一个巴菲特黄金搭档查理·芒格的故事。在芒格儿子小查理大约 15 岁的时候，他们全家去太阳谷滑雪。假期的最后一天，芒格带着小查理冒着风雪开车出去，他绕了 10 分钟的路去给开的那辆红色吉普车加油。因为加油耽误了时间，所以之后他要争分夺秒地追赶让全家赶得上回家的飞机。

到加油站后，小查理发现油箱里还有半箱油，他感到很吃惊。他问爸爸，还有那么多汽油，为什么要停下来。查理·芒格教导儿子说："你要是借了别人的车，别忘了加满油再还给人家。"小查理在斯坦福大学念大一时，有个熟人把车借给他。那辆奥迪福克斯是红色的，油箱里还有一半油。所以他想起了吉普车的事，先把油加满了，再将车还回去。借车人显然觉察了。自那以后，小查理和借车人共同度过了很多美好的时光，小查理结婚的时候，借车人是伴郎。

从斯坦福大学毕业之后，小查理才知道当年度假时他们住的是瑞克·格伦的房子，开的是瑞克·格伦的吉普。瑞克是爸爸的朋友，当他回到太阳谷，就算吉普车的汽油比他离开的时候少，他也不会介意，甚至可能都不会发现。"但爸爸无论什么事情都做得公平和周到。所以那天我不仅学到了如何交朋友，还学到了如何维护友谊。"小查理说。

人的成功，特别是财务上的成功，在很大程度上来自我们正确处理和他人之间的关系。在各行各业中做得最好的基本都是那些既关注他人，也很在意自己发展和利益的给予者。父母应该鼓励和引导孩子从小就乐于给予和分享，这应该是发展财商必不可少的一环。

梦想清单

请你根据孩子的年纪和特点、家庭和社区情况设计未来一年的给予和分享计划。

　　无论是给予钱、物、时间还是才干，首先要做好总体预算。家长可以不告诉孩子自己拟捐赠多少以防止孩子产生自己的捐赠和父母的相比微不足道的负面感觉，但家长可以告诉孩子自己拟捐赠的项目或机构，以及为什么捐。孩子可以追随家长捐赠，家长也可以跟投孩子感兴趣的捐赠项目（无论投什么，孩子和家长都要做好捐赠前的研究）。注意考虑以下问题：如果碰到特殊情况（如疫情、地震、特大洪水、熟悉的朋友生大病等），是否有紧急捐赠基金？家里近期可以捐赠的衣服、包、鞋、家具、电子用品等是哪些？如果捐赠物品，是否自制（如自己烤糕点、孩子自己做手工等）？孩子全年可以用于给予和分享的时间是多少，100小时还是50小时？

　　其次，最好能够将给予具体化、常态化。例如，每个月的第三个周六的下午2点至4点一家人去公园或湖边捡垃圾，每个季度的第一个周日的上午9点至12点妈妈带着孩子去养老院或医院，每周六下午拿出一小时为贫困孩子免费做家教，每年的9月确定1~2家慈善机构或活动为捐款对象，每年孩子的生日会捐献一些生日礼物，等等。

　　最后，随着孩子年纪的增长，孩子应该有越来越大的话语权。对于3~5岁的儿童，家长应该主导，孩子参与即可。对于小学生，家长可以和孩子商量着制订计划。对于中学生来说，孩子应该主导，家长提参考意见。

第八章

守住财富和投资的普世智慧

如果上天给你一次可以改变过去某天时间安排的机会，你会做什么？

我会在孩提时少做一天的习题，用这天时间学一些简单的金融常识和道理并牢记终生。少做一天的习题对未来的影响为零，但缺乏基本金融常识则可能影响一辈子。

如果上天给你一次可以改变过去某段时间安排的机会，你会做什么？

我会在大学期间将绝大部分空闲时间用来广泛阅读，以提升自己的"普世智慧"（worldly wisdom）。查理·芒格认为，投资艺术只是普世智慧艺术的一个小分支。一个人如果想要在职业上或投资上获得成功，必须拥有一个涉及许多不同领域（数学、心理学、经济学、工程学、物理学、生物学等）的多元思维模型。在《投资：最后的自由艺术》（Investing：The Last Liberal Art）一书中，罗伯特·哈格斯特朗（Robert Hagstrom）根据芒格著名的"格栅心智模型"提出，单纯拥有丰富的金融理论知识，是不可能做出好的投资决策的。他认为："每一门学科都与其他学科相互交织，并在这个过程中相互加强。有思想的人从每个学科中获得重要的思维模式，这些重要的思想融合在一起产生连贯的理解力。"

请允许我再问一个假设性的问题：如果孩子就要出门远行去一个未知的世界独立生活，未来 30 年将音信全无，你只有半天时间叮嘱他，你会和他说什么？

我会和他说做一个品格高尚的人，找一份自己喜欢的工作，努力和自己欣赏的人一起工作和生活，多储蓄，有随时可以动用的应急基金，勤俭节约，除非特殊情况否则不要借债，尽自己所能地给予和分享。

除了这些，你还会和孩子说什么？

我还会对孩子说，首先，无论是这个世界，还是未知的世界，都充满了诱惑和欺诈，积累财富的首要保障是不要受骗！多读书，从别人成功或失败的经验中吸取教训，记住马克·吐温的话："历史不会重演，但它常常押韵。"要学会从"押韵"的历史中吸取最优秀前人的已经被实践所证明的洞见。很多骗子的骗术很低劣，却屡屡得手，原因就是被骗人缺乏基本的常识，缺乏对历史上金融欺诈和蠢事的了解，最终以身试"骗"。在投资方面，不轻信任何人，包括亲戚、朋友和所谓的专家。

其次，在多学习、勤思考的基础上形成自己基于不同学科的多元思维模型，并能熟练运用。做到独立思考、判断和决策。不要随大溜，要"在别人恐惧时我贪婪，在别人贪婪时我恐惧"。

再有，无论是职业发展、寻找配偶还是投资，机会总是有限的。我们在选择了某个机会的同时就会放弃别的机会。人生是由一连串的"机会成本"构成的。真正美好的东西是很稀少的，要学会说不。就算你 95% 的时间都在说"不"，你也不会错失太多的东西。太多的人不知取舍，最后才发现犯的最大错误不是做了什么，而是没有去做什么——做了太多不重要的事情，而忽略了重要的事情。

最后，就投资而言，大量阅读是必要的，但还不够。价值投资之父、巴菲特的老师本杰明·格雷厄姆认为："聪明的定义是，要有耐心，要有约束，并渴望学习；此外，还必须能够驾驭你的情绪，并能够进行自我反思。"在投资方面，多数人总是按捺不住，或者总是担心过度。要想成功就意味着你要非常有耐心，然而又能够在该采取行动时主动出击、全力以赴。

巴菲特在 10 岁的时候就读完了奥马哈图书馆所有有关投资的书，有的书还读了不止一遍；在 11 岁的时候就投资了人生第一只股票；在 19 岁的时候读了格雷厄姆的《聪明的投资者》；在 24 岁的时候为格雷厄姆工作（根本就没有问工资是多少就去了）……

如果我们的孩子都能像巴菲特那样爱学习、善思考，我们就不用左叮咛右嘱咐了。可惜，巴菲特只有一个。在这章里，我将结合自身的感悟探讨几点基本的、普世的智慧。和前几章不同，我没有按孩子年龄段来讨论如何投资。这章主要是写给家长、10 岁以上的孩子看的（我心里也希望我的爸妈能够在几年前看到这章内容，这样也许他们就不会被骗了）。

远离自己不懂的东西

内森·罗斯柴尔德曾说过："发财需要极大的勇气和谨慎；而当你拥有了财富，你需要十倍的智慧才能保住它。"守住财富是需要智慧的。守住财富的第一点就是要远离自己不懂的东西。

在《巴比伦最富有的人》中，年轻的阿卡德在听了富商阿加米昔的致富忠告后，每次都将所赚的钱的 1/10 存起来。一年之后，阿加米昔问他："孩子，过去一年，你是否给自己留下来不少于1/10 的钱呢？"

阿卡德骄傲地回答："是的，先生，我做到了。"

"那你用这些钱做什么了？"阿加米昔问。

"我给了制砖匠阿兹穆，他告诉我他要远海航行到提尔，在那里从腓尼基人手里买稀有的珍宝。他回来后我们会高价卖掉这些珍宝，然后来分得到的收入。"

"每个傻瓜都应该从失败中长教训，"阿加米昔咆哮着说，"为什么相信一个制砖匠对珠宝的了解？你会向面包师请教关于星辰的知识吗？不会。我想如果你稍微动动脑子就会知道去请教天文学家。现在你的收入全都没有了，年轻人，你将自己的财富之树连根拔起了。再种一棵。重新尝试吧。下次，你应该找珠宝商去获取有关珠宝的建议。如果你想知道关于羊的知识，就应该去找牧羊人。专业方面的建议都是免费授予人的，但是注意只听取有用的那部分建议就好。从外行人那里获取关于钱财建议的人，将会用自己的钱财购买教训，证明这些建议是错误的。"

年轻的阿卡德显然自己不懂珠宝生意。他虽没有自己投资珠宝，但他相信了另一个不懂行的制砖匠。这样的错误千百年来无数人一直在重复地犯着。人应该学会远离自己不懂的东西。借用芒格的话："每个人都有他的能力圈……如果你们要玩那些别人玩得很好而你们一窍不通的游戏，那么你们注定会一败涂地。那是必定无疑的事情。你们必须弄清楚自己的优势在哪里，必须在自己的能力圈之内竞争。"[1]

我的一位亲戚在 2012 年，花了 20 万元购买了一款由某外资银

---

[1] 来自查理·芒格在南加州大学马歇尔商学院的演讲。

行推出的结构性投资产品。当我看到该产品的材料时，被该产品的复杂性惊呆了！不敢相信一个对金融一窍不通的老人居然投资这样的产品。

该产品的投资收益与 4 只在香港上市的股票（标的物）在未来 12 个月内的表现相挂钩。这 12 个月分 4 个观察期，每个观察期有 3 个敲出（knock-out）厘定日，共计 12 个厘定日。敲出是涉及金融衍生产品的专业术语，多数投资者也许根本就没有听说过，更谈不上了解了。该产品的复杂性还有另一面——"敲入"（knock-in）事件。如果在未来一年当中的任一交易日，4 只股票中的任何一只相对于初始定价日（2013 年 1 月 29 日）的收盘价亏了 31% 或者更多，则敲入事件发生。一旦敲入事件发生，投资者将会蒙受投资损失。如果既没有敲出事件发生，也没有敲入事件发生，投资者的投资收益为 6%。

这是一款极其复杂的金融衍生产品，基于历史数据，我估算出该产品的预期年收益率居然是负的！而同期无风险银行存款利率则超过 3%！最终，我的亲戚亏了 10%。

一家合法的银行将一款复杂、高风险的产品卖给一位产品介绍都看不懂的退休阿姨，最后亏了是谁的责任？

远离"高收益无风险"的东西

谁不想投资既无风险收益又很高的产品？很遗憾，这样的产品就像永动机一样是不存在的。即使是"无风险"的国债也不是完全没有风险，当利率上行的时候，长期国债的价格是会下跌的。这里所说的"无风险"指的是无违约风险。而且，不是所有国家的国债都无违约风险。很多国家，像希腊和阿根廷，在历史上多次违约。

根据 2020 年 11 月 3 日的数据，中国 5 年国债到期收益率为 2.97%，10 年国债为 3.18%。请问，在中国真正无违约风险的投资收益率大约为 3%，其他任何机构和个人有什么能力提供远高于 3% 又"无风险"的产品？

中国银监会主席郭树清指出："高收益意味着高风险，收益率超过 6% 的就要打问号，超过 8% 的就很危险，10% 以上就要准备损失全部本金。"

因此，如果有任何人宣传有高收益无风险的东西，这个人要么是骗子，要么就是相信骗子的受害者或骗子的帮凶。

但为何古今中外那么多人还是愿意相信有这样虚无缥缈的骗人的东西呢？那是因为很多骗局要经过较长时间，甚至是很多年才会被戳破。

2019 年 6 月底，我在北京出差的时候接到妈妈的电话。她告诉我她投资的某"大型集团"的多个理财产品出现了问题。在我的追问下，她才告诉我她投这个公司有多年了，之前一直很"安全"，收益率又很高（年化收益率超过 20%）。

回到家乡后，我仔细查看了所有的"投资"产品合同，通过国家企业信用信息公示系统、美国证监会官网、该公司官网、天眼查等公开渠道提供的信息，我很快就判断该公司利用在美国设立的零收入、零资产、零运营的空壳公司在国内长期行骗、非法集资。

2019 年 7 月 8 日，我陪着妈妈在家乡的经侦大队报案。据接待人员说，到目前为止，在本市只有 2 人报案。如果报案的人数少，构不成"群体性"事件，可能暂时不会立案。本市的金融办和相关政府人员已经在 2018 年约谈并警告过该公司工作人员，但由于缺乏强制性手段，这家公司照常运作。由于该公司总部在外省，导致办案难度加大，很难集全国之力查办相关公司和个人。

2020 年 8 月，该公司主要犯罪嫌疑人被抓捕归案。得知此消息后，我不知道是应该为骗子被抓而高兴还是为很多人血汗钱打水漂而大哭。我妈妈前后投资的 67.06 万元注定是没了，这是她大半辈子的积蓄。具有讽刺意味的是，在 2013 年，我妈妈还涉及了另外一个许诺年利率为 22% 的广州某公司的非法集资案。当时我也去报案了。幸好发现得早，我们将本金要了回来。[1] 在报案的当天下午，我就从警局得到答复，这个公司的董事长早在几个月前就在广州因非法集资被警方抓获了，而其下面的爪牙依旧胆大包天地打着公司的旗号在千里之外继续行骗。

不必对一位颇有社会经历、儿子是金融学教授的老年人竟几次被骗而惊奇，很多高智商、高收入的商界精英也同样无法抵御"高收益无 / 低风险"的诱惑。

2008 年 12 月 11 日，美国前纳斯达克股票市场的董事会主席伯纳德·麦道夫（Bernard Madoff）被捕。麦道夫在长达 20 年的时间内炮制了史上最大的涉案规模为 650 亿美元的庞氏骗局。虽然麦道夫将骗局的投资年化回报率控制在 10% 多一点（远低于正常的庞氏骗局动辄 20% 甚至更高的回报率），但是依然无法改变这是骗局的事实。长期的"看上去很合理的稳定回报"、麦道夫的光辉从业背景、神秘复杂的投资策略（买入看跌期权，卖出看涨期权，同时持有股票）吸引了众多机构和超级富豪。他的客户包括奥地利银行、皇家苏格兰银行、汇丰银行、瑞士银行、西班牙桑

---

1 对于该案情的详细描述请参阅我在《上海证券报》上发表的文章《不要忽视眼前的大猩猩——投资风险与骗局》，发表时间为 2013 年 8 月 25 日。

塔德银行（Santander）、若干对冲基金和无数商业精英。

其实无论是我妈妈还是投麦道夫的全球商业精英们，如果读一读 1926 年出版的《巴比伦最富有的人》这本书，并将里面的教训牢记在心，就不会相信这世间还有长期存在的高收益无 / 低风险的投资机会。正如阿卡德所说："投资的关键是保证投资安全。投资的项目利润丰厚，却有着失去本钱的风险，这种做法是否明智？我说不是。冒险的代价是血本无归。每次投资之前先仔细分析、研究，确保投入的钱能带来收入。不要一厢情愿地幻想着让财富快速增长，以致误入歧途。

"在任何领域投资之前，都要先熟悉、预知可能存在的风险。

"我真诚地劝诫你们：不要对自己的投资智慧过于自信，最好向有这方面经验的人讨教。你无须为建议付费，但是这些建议的价值可能等同于你打算用来投资的黄金带来的价值。实际上，建议的真正价值就是让你免遭损失。"

让人痛心的是，我妈妈不但没有自己做仔细分析、研究，也没有咨询她的亲人。其实只要上网研究一下就会发现，她所投的公司是个骗子公司。比如，该公司的一张宣传照片显示该公司主席荣获 2015 年"中国十大经济人物"。真相是什么呢？只要上网一搜索，任何人都可以发现 2015 年中国十大经济人物压根就没有该公司主席。

我自己的一个简单判断法则是：某人名片上的头衔越多，此人可信度越低；某公司网站上或宣传材料中展示的和政要名流的照片越多，此公司可信度越低。

远离好得令人难以置信的东西

不但高收益无风险的东西不可信，任何听上去好得难以置信的东西都需要自动打上一个大大的问号。道理很简单，这么好的东西必然是稀少的，即使存在，这种"珍宝"大概率也会被比我们有更多资源、消息更灵通的人抢走。而且那些捷足先登的人，根本不会大肆宣传，而是会闷声发大财。反过来，如果某个东西只要有人要就给，提供方到处推销，而且宣传这样的东西是稀有而珍贵的（比如，要比银行的投资回报率高数倍且风险极低），那极有可能这样的东西是不存在的。

要做到这点，需要对各个领域的基本常识有个大体了解。这些知识的积累是建立在终生学习的基础之上的。套用巴菲特的话，你需要"建立你的数据库，这样你就能在一生中积累知识"。在这里，我举几个和投资相关的例子。

首先，上市公司是整体经济的一个缩影。如果实际国民生产总值的增长率在4%～5%之间，通货膨胀率在2%左右，那上市公司平均利率增长率不太可能长时间大幅超过6%～7%，否则上市公司的总利润迟早会超过整个国民经济，这是很可笑的结论。而一般来说，上市公司是各个行业实力较强、规模较大的企业。如果这些公司的利率平均增长率不太可能大幅超过6%～7%，那非上市公司的利润平均增长率更不太可能大幅超过6%～7%。如果有这个基本常识，你就会对那些承诺提供20%以上投资收益的机会打个大大的问号。

其次，如果对大类资产的历史平均回报率有点了解，会大大减少被骗的概率。比如，有熟人推荐"稀有"艺术品，"绝对"可以在 1 年内价值翻倍。你会投吗？如果你知道或查询到历史上投资艺术品的年化名义收益率为 6.4%[1]，扣除通货膨胀后的实际收益率只有 2.4%，你还会投吗？如果你知道黄金在 20 世纪 80 年代、90 年代和 21 世纪的前两个十年的年化收益率分别为 -2.64%、-3.18%、14.29% 和 3.27%[2]，你是否会调整自己对投资黄金的看法呢？

在中国，股票、房地产和定期存款（3 年期）的长期平均收益率分别为 11.57%、9.31% 和 4.87%。如果拿 10 万元在 1990 年年底投资股市，到 2019 年年底会变为 239 万元（见下图[3]）。

中国主要投资品名义回报比较（1990—2019）
假设最初投资本金为 10 万元人民币

但股市的波动很大，在 2010 年至 2019 年这 10 年间，股市的投资收益是负的（见下表）。如果我们根据过去 10 年的投资回报来"预测"下个 10 年的回报，结果可能会是亏得很惨。同样的道理

1 为 1900 年至 2012 年按照英镑计算的收益率。来源：Dimson, Elroy, and Christophe Spaenjers. The investment performance of art and other collectibles.(2013)。
2 数据来源：https://www.quandl.com/data/LBMA/GOLD-Gold-Price-London-Fixing。
3 感谢莫高资本提供图表，数据来源：国家统计局、中国人民银行和莫高资本。

也适用于房地产。由于房改、史上最大规模的农村人口进城等特殊因素，中国房地产在过去几十年上涨得很厉害。在特大城市的中心区域，房价上涨了数十倍。但如果因此就推断未来房价还会不断上涨，或投资房地产的回报一定超过股市，可能会错得离谱。

投资领域 年份	股票 （上证综合指数）	房地产 （全国平均）	3 年期定期存款
1991—1999	30.14%	11.40%	8.18%
2000—2009	9.14%	9.15%	3.26%
2010—2019	-0.72%	7.61%	3.57%
1991—2019	11.57%	9.31%	4.87%

五位欧美经济学家[1]研究了 1870 年至 2015 年发达国家在主要资产类别上的年化投资回报率。下表列出的是这些国家 1950 年以后投资股票和房地产的实际回报率（扣除通货膨胀因素后的回报率）。

国家	1950—2015		1980—2015	
	股票	房地产	股票	房地产
澳大利亚	7.53%	8.29%	8.70%	7.16%
比利时	9.65%	8.14%	11.49%	7.20%
丹麦	9.73%	7.04%	13.30%	5.14%
芬兰	12.89%	11.18%	16.32%	9.47%
法国	6.01%	9.68%	9.61%	5.78%
德国	7.53%	5.30%	1.07%	4.13%
意大利	6.09%	5.55%	9.45%	4.57%
日本	6.21%	6.74%	5.62%	3.58%

---

1 Jordà, Òscar, Katharina Knoll, Dmitry Kuvshinov, Moritz Schularick, and Alan M. Taylor. The rate of return on everything, 1870–2015. The Quarterly Journal of Economics134, no. 3 (2019): 1225-1298.

续表

国家	1950—2015		1980—2015	
	股票	房地产	股票	房地产
荷兰	9.19%	8.53%	11.51%	6.41%
挪威	7.33%	9.10%	12.22%	9.82%
葡萄牙	4.84%	6.01%	8.60%	7.15%
西班牙	7.75%	5.83%	11.95%	4.62%
瑞典	11.37%	8.94%	15.87%	9.00%
瑞士	8.37%	5.64%	9.29%	6.19%
英国	9.10%	6.57%	9.11%	6.81%
美国	8.89%	5.76%	9.31%	5.865
简单平均	8.30%	7.47%	10.78%	6.43%
加权平均	8.19%	6.40%	9.08%	5.50%

我们可以简单认为国际主要股票市场的实际投资回报率在8%～10%之间，投资房地产的实际回报率在5%～7%之间。有了这些基本数据，你就不会轻易相信"某不知名的美国上市公司的收益率超过30%"[1]这些话了。

最后，在投资领域的一个"定律"就是，任何能够被很多人轻易描述和遵循的赚钱方法，都会因其太简单、太容易而不可能持久。[2]比如，有人发现在过去10年中，如果根据风水来买卖股票会赚不少钱，他在此基础上开发了一套交易系统，希望你投资，你投吗？即使他的这种新奇的投资策略在过去10年确实有效，如果知道的人多了，投入的资金量大了，也很快就无效了。因为如果我知道未来哪天股票会涨/跌，我会提前一天大量买入/卖出或

---

1 根据诺贝尔奖得主罗伯特·席勒（Robert Shiller）的数据，在1871年至2019年期间，代表美国大盘股的标准普尔指数的年化平均名义回报率是9.19%。该回报率包括了股票分红的再投资。数据来源：http://www.econ.yale.edu/~shiller/data.htm。
2 这句话原来是格雷厄姆在《聪明的投资者》里说的，但他指的是股票市场。

做空。交易量大了，会推高买入价，压低卖出价，结果就会导致超额收益降低或消失。在过去几十年间，不少曾经赚钱的投资策略，经学者或财经媒体曝光后，就不再赚钱了。

我举这些例子不是让你或你的孩子现在就记住这些基本常识和统计数据，而是想说明这些基本常识和终生学习的重要性。

远离赌博和赌博式投机

十赌九输的道理大家都懂，但一旦沾上了赌博再想收手却非易事。巴菲特家里有一台老虎机。在他孩子小的时候，孩子要多少零花钱他都会给，但他会要求孩子用零花钱在家里的老虎机上玩。结果，老虎机会帮他在夜幕降临前将所给出的零花钱收回来。玩过几次，孩子就明白了，想通过赌博赚钱基本是不可能的。在很大程度上，赌博是对无知的一种征税。

上世纪 90 年代我在上海读书的时候，从老家去上海需要坐七八个小时的长途汽车。有一次，在去上海的路上，汽车停下来让大家吃饭。我无意间围观了一群人参与的三张牌的赌博游戏（发牌人快速移动三张牌，让你猜原先的那张牌是哪张）。后来我才知道这其实是出老千的骗局，赌博都谈不上。发牌的人动作很快，三张牌中有一张牌要比其他牌略小，这样两张一起甩的时候，你以为是下面一张掉下来，其实是上面那张小的牌掉下来。看了一小会儿后，我觉得自己看清楚了。在边上人（也许是托儿）的鼓动下，我一冲动跟着押注了一回。当时身上没有多少现金，我就将学习英文的"随身听"押上了。结果，就这一时的冲动，自己省吃俭用大半年买的随身听没了。也许值得庆幸的是，交了这次"智商税"后，我这辈子再也没有碰过此类赌博游戏。

我不反对用很小部分的闲余资金投机，但坚决反对赌博式的投机。比如说，我从来不买彩票，因为我相信中彩票中奖的概率是如此之低，预期收益远低于我的投入。但我也不反对有人时不时地花10来块钱买彩票，我反对的是有人不储蓄、不投资长期收益合理的证券，而将大量的钱用在购买彩票上。

在中国的珠宝业，有些人从事所谓的"赌石"。一块可能含有翡翠的原石，通常只有切割剖开后才能知道里面是否有真正的"宝"。赌石人凭着自己的经验，依据原石的外观，估算出价格。买到手后剖开，如果里面是"宝玉"，赌石人可能一夜暴富；如果里面是"败絮"，也可能一夜之间倾家荡产。如果你是珠宝商，懂得品鉴原石，拥有行业情报和知识，那你用在赌石上的资金不算赌博；但如果你是一个在云南瑞丽赌石基地度假的游客，对赌石一窍不通，突然兴起，拿出几万元来赌石，那你纯粹就是个赌徒，说得好听点，是个不聪明的投机者，十有八九会血本无归。

不可轻信预测专家

2017年，国际货币基金组织经济学家朗加尼（Prakash Lougani）在接受英国广播公司采访时声称[1]，在过去的30年里，在全球有记录的150次衰退中，宏观经济学家们只预测到2次。21世纪以来，没有预测到任何一次衰退，失败率为100%！2012年，诺贝尔经济学奖得主保罗·克鲁格曼[2]指出："正是在危机时刻，当

---

1 Forecasting: How to Map the Future, BBC, https://www.bbc.co.uk/programmes/p058qrkt.
2 https://krugman.blogs.nytimes.com/2012/03/05/economics-in-the-crisis/.

实践经验突然被证明无用且事件超出任何人的正常经验时，我们需要（经济学）教授用他们的模型来指明前进的道路。但当那一刻真正到来时，我们却失败了。"

《超级预测术》[1]的作者菲利普·泰特洛克（Philip Tetlock）与丹·加德纳（Dan Gardner）将预测者分为两类：狐狸和刺猬。狐狸知道很多事情，但刺猬只有一个或几个大想法/观念（big ideas）。狐狸会从多个来源处获取信息，并根据所面对的具体问题采取不同的分析手段与工具，刺猬则围绕熟知的大想法或观念来整合信息、思考问题。比如，有专家每逢问题必提自由市场。刺猬们所熟知的想法或观念让他们在分析问题时戴上了有色眼镜，他们的预测往往是不准确的。而真正的预测专家都是狐狸型的，他们收集各种信息，利用各种学科领域的多种工具，不断更新自己的预测——他们拥有芒格所强调的多元思维模型。

泰特洛克与加德纳研究发现，平均而言，越是有名的专家，预测得越是不准确。刺猬型专家们善于讲述简单明了、能吸引眼球的故事。比如，"投资某贵金属将是你一生最大的一次投资机会"。而且，他们很自信，更倾向于判断某事件肯定会或肯定不会发生。而狐狸型专家则经常更新自己的预测，并用比较难懂的概率知识来推断某个事件。多数人喜欢听到肯定的论断——会还是不会发生，而不是"预测有 70% 的概率会发生"。人们当然更容易被刺猬型专家所吸引。

事实上，没有人能够持续地准确预测宏观经济或股票市场走势。芒格曾一针见血地指出："古代的国王会让皇家算命师看羊的内脏来做决定。今天，人们仍然像那个国王一样疯狂，寻找那些

1 Tetlock, Philip E., and Dan Gardner. Superforecasting: The art and science of prediction. Random House, 2016.

假装知道未来的人，给华尔街经济动力去推销它的灵丹妙药。"巴菲特在 2013 年的股东大会上坦言：他和查理·芒格根本不注意宏观预测。他指出，人们总是谈论未来和宏观问题，但他们不知道自己在谈论什么。这不是很有效率。

巴菲特和芒格只研究单独的公司，并不注重宏观经济。但即使在公司研究方面，他们也时不时犯错。

在 1991 年，巴菲特将伯克希尔公司在 Capital Cities/ABC、可口可乐、GEICO 和《华盛顿邮报》的股权投资归类为"永久性的"投资，即永远不会出售。他列出了这类公司的三大特点：良好的经济特征、能干可靠的管理层、做的事情我们很喜欢。芒格也认为《华盛顿邮报》和可口可乐都属于"防白痴"的企业（idiot-proof businesses），并将之描述成"能够抵御时间流逝的第一优先留置权（即永远具有优势的企业）"。

但事实如何呢？事实上，巴菲特在 1995 年促成了迪士尼和 Capital Cities/ABC 的合并。合并的结果是伯克希尔获得了 12 亿美元的现金和 13 亿美元（3.6%）的迪士尼股票。迪士尼也并非非卖品，他在三年内就卖掉了在迪士尼的投资。如果他不卖，这笔投资放在 2020 年会值 80 亿美元。此外，他在 2014 年的时候出售了"非卖品"《华盛顿邮报》的股权。

巴菲特在很长一段时间内都特别青睐富国银行（Wells Fargo），曾称它拥有其他大型银行所不具备的优势，是家好得难以置信的银行。在 2009 年 3 月，当富国的股价跌破 9 美元一股的时候，他宣称："如果我必须把我所有的净资产投资于一只股票，我会买富国银行。"

但该银行骨子里问题多多。2016 年 4 月，富国银行和美国司法部达成了 12 亿美元罚款和解协议，根据该协议，富国银行对有关其于 2001 年至 2008 年间就很多房屋贷款提供虚假认证的指控，表示"承认、认可并承担责任"。[1] 2016 年 10 月，总裁约翰·斯坦普（John Stumpf）因多起造假丑闻而辞职。2020 年 2 月，富国银行同意支付 30 亿美元的罚款，以解决在 2002 年至 2016 年之间涉及数百万客户账户欺诈性销售行为的刑事和民事调查。

我对比了美国四大商业银行在 2009 年 3 月 1 日至 2020 年 10 月 31 日间的股价表现。在这期间，富国银行的投资回报只有 77.27%，而美洲银行、摩根大通银行和花旗银行的投资回报则分别为 495.95%、325.25% 和 181.40%。[2]

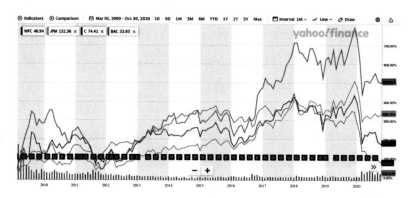

巴菲特和芒格是举世公认的投资奇才。如果他们都不能预测宏观走势，在预测自己重仓投资的公司时也会偶尔翻车，那我们为何要相信那些预测专家呢？

1 Stempel, Jonathan, Wells Fargo Admits Deception in $1.2 Billion U.S. Mortgage Accord, April 8, 2016. https://www.reuters.com/article/us-wellsfargo-settlement/wells-fargo-admits-deception-in-1-2-billion-u-s-mortgage-accord-idUSKCN0X52HK. 信息提取时间：2020 年 11 月 4 日。
2 数据来源 finance.yahoo.com.

不可轻信投资专家

1951 年，从哥伦比亚大学获得硕士学位的巴菲特想进入投资业。但他最钦佩的两个人——格雷厄姆和他的父亲——都告诉他，目前不是好时机。那时道琼斯指数刚刚突破 200 点，两人都觉得点位太高，最好暂时不要入市。

巴菲特当时有 1 万美元。后来巴菲特分享道，如果他（听了格雷厄姆和父亲的话）等了，那他现在还只有 1 万美元。要知道格雷厄姆是价值投资之父，本身是很成功的投资大家，而巴菲特的父亲曾在银行工作，拥有自己的证券经纪公司（Buffett, Sklenicka & Co.），并且是两任美国国会议员。幸运的是，年轻的巴菲特并没有听从这两位他非常崇敬的投资专家的意见。

也许巴菲特只是特例，那我们来看看其他的投资专家。数年前，在中欧国际工商学院访学时，我有机会和一个大型社交平台上负责财经频道的朋友交流。他们跟踪了平台上投资"大 V"推荐的股票，并根据这些股票做成了投资组合。结果很让人失望，平均而言，这些网上无限风光、追随者众多的"大 V"推荐的股票组合实际业绩并不理想。

如果说投资专家所说的不可信，那他们所做的能展示出让人信服的能力吗？不能！

先锋集团创始人、指数基金之父约翰·博格（John C. Bogle）曾比较了自 1970 年以来就存在的 355 只公募基金的长期业绩。截至 2016 年，只有 74 只基金还在运营，但其中有 64 只基金的业绩不如指数基金，公募基金的中短期业绩也差强人意。博格比较了美国所有主动管理股票基金在 2006 年至 2011 年及 2011 年至 2016 年这两个 5 年中的业绩变化。在第一个 5 年排名在前 1/5 的基金（优胜基金）中，在随后的 5 年中，只有 13% 的基金仍然排在前 1/5；有 27% 的前期优胜者落入了垫底的 1/5 之列；10% 的前期优胜者甚至都未能在后期的 5 年中存活下来！反过来，在前期业绩垫底的 1/5 的基金，其中有 17% 在后期成了优胜基金。

中国公募基金的业绩同样很一般。一篇发表在 2015 年第 11 期《清华金融评论》上的文章[1]发现："我国股票型基金的历史表现是没有持续性的，投资者无法根据基金的历史收益表现预判基金未来的业绩。"

不可轻信亲戚朋友

在投资方面，不可轻信亲戚朋友。事实上，我妈妈参与的两次投资骗局都是朋友推荐的。

首先，很多推荐人本身并非投资专家。判断某人是否是投资专家，不能看他从事投资多长时间。很多人打了一辈子麻将，从来没有学习专研过，一辈子水平都很臭！我们要看他的可证实的、实际长期投资业绩。更重要的是，要看他是否有独立思考、判断的投资能力。

其次，即使推荐人本身确实是"专家""金融博士""理财师""分析师""上市公司高管"，也不要轻信。主要原因我已经在前面分析过了。这里再加两点。第一，推荐人提供的"消息"有

---

[1] 《公募基金业绩的可持续性研究》，《清华金融评论》2015 年第 11 期。作者单位：清华大学国家金融研究院民生财富研究中心。

可能是内幕信息和涉及市场操纵。一旦牵涉其中，可能会违法违规。第二，每个人的风险偏好都不一样，适合别人的投资未必适合你。我加入过不少有"专业选手"（如券商分析师、基金经理）参与的微信群，我很少看到有人在推荐某股票的同时，能够讲清楚投资的主要风险点、预期收益及适合的投资者。

当然，说起来容易做起来难。在 2015 年股灾前的疯狂时期，我在一位身家过亿、自身是成功投资者的朋友的推荐下购买了一款私募产品。可悲的是，在投资这款产品时，我放弃了自己的投资原则，没有自己做好功课，没有独立思考和判断，在别人疯狂和贪婪时跟着疯狂和贪婪了。结果就是：在一年之后赎回的时候，我亏了 27%。

既然不可轻信预测专家、投资专家、亲朋好友的推荐，那我们能信谁呢？信自己！在多学习、勤思考的基础上形成属于自己的多元思维模型，并能在工作、生活和投资中熟练运用这些模型（请参阅我在本章最后列出的一份很简单的书单）。

下面我将介绍一些对思考有益的思维模型，可供本书读者参考。

思维模型———从利益出发

不要问卖保健品的人你是否需要保健品；不要问票贩子演唱会是否值得看；不要问卖理财产品的人你是否需要理财……这样的"不要问……是否……"的句子你可以一直写下去。

当有人在向我们推销或介绍某产品或投资机会或方案时，如果我们能够从对方在其中可能获得的利益出发进行思考，很多情况下，我们的决策会理智很多、聪明很多。利益包括金钱和物质利益，也包括非金钱利益，如声誉、友情、职称、他人的赞许等。

最近几年，我经常代表我们学校和一些国内的留学中介机构进行交流和沟通。很多学生家长图省事，将孩子留学申请的事情完全交给了中介，甚至在申请材料中留的联系电话和电子邮箱都是中介的。

但不少家长不清楚的是，中介不但从家长那里收取高昂的费用，还从不少的国外大学那里收取一笔介绍费或奖励。有些大学支付的费用高些，有些低些，有些不给。如果你的孩子同时收到两所排名差不多的大学的录取通知，但其中一所大学会给中介3000美元的介绍费，另一所一分钱不给，你说中介会推介哪个学校给你？由于留学顾问不会告诉你他或他的公司是否会向某国外大学收取介绍费，我们所能做的就是获取更多的信息：电子邮箱留自己的，在决定前咨询其他没有相关利益的人的意见。

同样，证券分析师需要和上市公司保持良好关系，这样他们才能和上市公司高管有效沟通，更好地服务自己的各类客户。在实践中，"买入"推荐往往会给分析师公司带来新的客户和更多的经纪业务，而"卖出"推荐则有着相反的作用。因此，分析师从自身和证券公司的利益角度考虑，会倾向于给出更正面的分析报告、更积极的推荐。任何人在阅读分析师报告时都需要戴上"有色眼镜"。在1996年的股东大会上，巴菲特宣称，40年来，他从未从华尔街报告中得到任何（能赚钱的）想法。

另外，上市公司年报的审计费是上市公司出的，评级机构针对债券的评级费是债券发行人支付的，审计和评级机构还往往能提供各种咨询服务。因此我们在阅读上市公司的年报和债券的评级报告时，也需提醒自己因利益冲突而可能导致的非客观性。

即使是纯粹的科学家，如果他们的研究是由利益相关方资助的，他们的话的可信度可能也要打折扣。

20 世纪 50 年代初，一些科学研究发现肺癌和吸烟显著相关。为了保护自己的利益，美国烟草行业采取了多重举措。其中一项就是在 1954 年成立了烟草工业研究委员会（TIRC，后改称为烟草研究理事会，CTR）。烟草行业宣称 TIRC 的成立是为了资助"独立"的科学研究，以确定吸烟与癌症之间是否存在联系。

TIRC 的科学主任是著名癌症专家克拉文斯·利特尔（Clarence Little）。利特尔绝对是天才人物。他在 33 岁时就荣登缅因大学校长之位，37 岁时任密歇根大学校长，41 岁兼职担任美国癌症协会主任。

他在任癌症协会主任期间，认为吸入细颗粒物对身体是有害的。但在 TIRC 任职后，他的观念发生了转变。1955 年，他强调吸烟与肺癌和其他疾病之间的关系仍然是未知的。1959 年，他否定了吸入细颗粒物有害身体的断言，认为吸烟不会导致肺癌，最多只是一个次要因素。TIRC/CTR 在几十年中资助了很多研究项目。自 1966 年开始，许多项目资助的决定不是由独立科学家做出的，而是由烟草行业的律师决定的。1972 年至 1991 年间，CTR 提供了至少 1460 万美元用于支持特别项目。律师们不仅参与选择项目，还参与设计研究和项目结果的宣传。[1] 你说这些"特别科学项目"的结论会有多"科学"？

一般来说，任何投资产品如果销售提成特别高（包括高销售费的基金产品），宣传时邀请了不少专家名流，那么我的建议是不去碰，至少多打几个问号。借用芒格的话："无论什么时候，只要有人拿着一份 200 页的计划书并收一大笔佣金要卖给你什么，不要

---

1 Bero, Lisa A. Tobacco industry manipulation of research. Public health reports 120, no. 2 (2005): 200.

买。如果采用这个'芒格的规矩'，你偶尔会犯错误。然而从长远来看，你将遥遥领先，你将会避开许多可能会让你仇视他人的不愉快经历。"[1]

最后再举一个生死攸关的例子。芯片巨头英特尔前总裁安迪·格鲁夫（Andy Grove）在1995年被诊断出患有早期前列腺癌。他有财力和资源找到世界上最好的治疗方案。他咨询了三位不同领域的顶尖医生：外科的、放射科的、顺势疗法的。最后这三位著名医生给他的推荐是：外科医生建议做手术切除，放射科医生认为应该用放射治疗法，顺势疗法医生则推荐他应该使用较少的侵入性药物，等待一段时间看癌症如何发展。每位医生都强烈建议格鲁夫采用自己的方案。可能医生并非从私利出发提供建议，可能他们真的认为自己的方案是最佳的，但是他们没有意识到，他们的培训、激励和偏见阻碍了他们提供客观的建议。

思维模型二——看人品

在"品格和财富"这章我提到，巴菲特认为雇人最关键的是看此人是否正直。我们在选择投资项目、合作伙伴时，必须花大精力去了解对方人品。对方人品哪怕有小瑕疵，也最好立刻转身就走。这点在投民间项目、创业项目时特别重要。

行为学领域有个概念叫"行为一致性"。意思是，个人在不同情况下趋于行为一致。如果某人在某种情况下，选择了不道德甚至是违法的行为，比如吃饭不付钱、坐车逃票，此人很可能在其

---

1 芒格1986年6月13日在哈佛大学毕业典礼上的讲话。

他情况下，比如创业或投资上，也会选择不道德或是违法的行为。2020 年 2 月，花旗集团解雇了其负责欧洲、中东和非洲地区垃圾债券交易的负责人帕拉·沙阿（Paras Shah）。原因是他经常从公司自助餐厅拿吃的不付钱，而沙阿的年收入有百万英镑！2014 年，黑岩的基金经理巴罗斯（Jonathan Burrows）被英国金融行为管理局终身市场禁入，原因是他多次坐火车逃票。[1]

在伯克希尔，巴菲特和芒格的主要任务就是资产配置、为各项业务选能力强、人品好的管理者，并配以好的激励制度。伯克希尔在 1973 年购买《华盛顿邮报》的一个重要原因是"其管理人员非常正直和聪明。那真是一次梦幻般的绝佳投资。它的管理人员是非常高尚的人——凯瑟琳·格雷厄姆的家族"。[2]

1967 年，巴菲特在 15 分钟内，在没看账本，没有还价，许诺不迁移公司、不裁员的条件下用 700 万美元的价格买下了国家赔偿公司。这是不是太草率了？其实不然，在这之前，他做足了功课。他深刻了解公司创始人杰克·林沃尔特（Jack Ringwalt）的为人：他是一位谨慎的冒险者，节俭、诚实、积极进取的保险商人，他每晚都会在办公楼转一圈将所有的灯关掉。在去巴菲特公司取卖公司的支票时，他迟到了 10 分钟，因为他在找一个还剩几分钟的停车收费表，这样他就可以免费停车。巴菲特开玩笑地说："那时候我才知道他是我喜欢的人。"之后，巴菲特花重金将林沃尔特留在公司，国家赔偿公司则成为伯克希尔的业务发展基石。

同样的，巴菲特在 1983 年购买由罗丝·布卢姆金（Rose Blumkin，被尊称为 B 太太）创立的内布拉斯加州家具市场（NFM）

1 Simon Clark, Citigroup Suspends Trader for Stealing Cafeteria Food, Wall Street Journal, 2020.2.3.
2 出自查理·芒格在南加州大学马歇尔商学院的讲演，1994 年 4 月 14 日。

时，也没有要求审计、没有盘点存货或查看账目。因为在巴菲特眼中，B 太太的话和"英格兰银行"具有同样的效力。NFM 的口号是"低价格，说实话，不欺骗任何人，也不收回扣"。对于 B 太太来说，诚实是最重要的，其次是努力工作。[1]

如果我们投的是某公司产品或项目，那我们不但要看人的品格，还要看公司的品格：公司是否有诚信，之前是否做过假，是否因恶意欠薪或欠债被起诉过，是否被列入经营异常名录等。事实上，很多信息都可以免费获得。

我妈妈投资的某集团在全国有不少分公司。从网上的公开信息就可以看出在案发前就有多半已经注销，存续的几家中有一半被列入经营异常名录。外地也有警方针对其活动发布风险提示："某公司涉嫌非法集资，市民不要轻信。"任何稍有财商的人看到这些信息都不应该投一分钱给该公司，投了钱的应立刻想一切办法将钱要回来。

我在"储蓄：让钱慢慢长大"这章分享过数学家出身的量化投资家爱德华·索普 11 岁就每天凌晨 2 点多起床送报纸的故事。他其实老早就认定麦道夫是个骗子。麦道夫基金在 20 世纪 80 年代的年化收益率高达 20%。1991 年，一家投资麦道夫的养老基金请索普评估分析投资仓位。索普觉得"很有意思，有点可疑……进一步研究麦道夫基金的策略，并要求其提供交易活动相关文件"。[2]很快，索普就发现麦道夫宣称在 1991 年 4 月 16 日买入了 123 张宝洁股票的看涨期权合约，"但当天总共只有 20 张合约易手"。索普接着发现 IBM、迪士尼或默克公司股票期权的全市场实际交易

---

1 出自《滚雪球：巴菲特和他的人生财富》一书。

2 Patterson, Scott. The quants: How a new breed of math whizzes conquered wall street and nearly destroyed it. Currency, 2010.

量都不及麦道夫声称的个人交易量。也就是说，麦道夫所谓的投资策略是不可能执行的。遗憾的是，索普只是告诉自己的客户清空在麦道夫基金的投资，并没有向监管部门或其他投资者揭发麦道夫。

思维模型三——基本数学

想要提高财商，并不需要掌握高等数学，掌握一些初高中所学的基本数学技能就够了。你需要理解复利，理解折现率，明白任何经济资产的合理价值等于所有未来现金流的折现价值，还要掌握一些基本的概率知识。芒格认为："如果你没有把这个基本的但有些不那么自然的基础数学概率方法变成你生活的一部分，那么在漫长的人生中，你将会像一个踢屁股比赛中的独腿人。这等于将巨大的优势拱手送给了他人。这么多年来，我一直跟巴菲特共事。他拥有许多优势，其中之一就是他能够自动地根据决策树理论和基本的排列组合原理来思考问题。"

哈佛商学院金融学教授肖恩·科尔（Shawn Cole）及其合作者研究发现，在高中阶段额外的数学培训会导致孩子成年后更多地参与金融市场，享有更佳的投资收益，能更好地管理自己的信用。[1]

2019 年 10 月至 2020 年 2 月，月薪约 8000 元的上海市民李女士向某公司购买了多达 747 节的健身私教课，课程排到了 2034年，总价高达近 60 万元。大部分课程是通过两家贷款机构和 4 张

---

[1] Cole, Shawn, Anna Paulson, and Gauri Kartini Shastry. High school curriculum and financial outcomes: The impact of mandated personal finance and mathematics courses. Journal of Human Resources 51, no. 3 (2016): 656-698.

信用卡透支完成支付的，每月需还须三四万元。在被问到"贷款的时候你自己测算过吗？大约每个月要还多少？"时她回答道："那时候没有测算得很清楚，所以一时冲动，是冲动消费。"[1] 我估计这位李女士可能缺乏基本的数学知识。

如果没有基本的数学技能，人们会更倾向于使用情绪化的方式来投资、消费或储蓄，会倾向于低估高息负债在复利作用下的指数性增长。身为两个孩子的父亲，科尔说他将确保他的孩子们尽可能多地学习数学，并建议所有家长都这么做。[2]

掌握一些数学知识还能有助于防止被骗。在 1999 年，波士顿的一家金融分析师哈里·马克普洛斯（Harry Markopolos）想要复制麦道夫基金的投资回报。几分钟内，他就发觉得从数字上来分析，麦道夫基金会是有问题的。经过 4 小时的分析，他确信麦道夫基金的回报在数学上是不可能达到的。他随后向美国监管部门举报，可是没人听他的。他后来写了一本书叫《没人会听》（*No One Would Listen*）。

我曾在一篇文章[3]中分析了一种基于概率的投资骗局。骗子每天群发推荐股票的信息，一半人收到某股票上涨的信息，另一半收到该股票下跌或持平的信息。由于股价要么上涨，要么下跌或持平，每天的信息总有一半是对的。第二天，骗子针对昨天收到正确信息的人继续发推荐股票的信息：还是一半人收到上涨信息，另一半收到下跌或持平信息。这样如法炮制，只要收到信息人数

---

1 《女子月薪 8000 贷款 60 万上私教课后悔了：每月还贷超 3 万》，来源：北青网。网址：https://news.163.com/20/1118/19/FRO4MVH90001899O.html。信息提取时间：2020 年 11 月 19 日。

2 Wells, Charlie, The Smart Way to Teach Children About Money, February 2, 2015, the Wall Street Journal.

3 阎志鹏，《"大仙"是如何让小强甘心奉上 100 万的？》，《上海证券报》"谈股阎经"专栏，2018 年 1 月 16 日。

足够多，总有些人持续很多天都会收到"神准"的荐股信息。如果这些"幸运者"当中有人相信了骗子的魔力，将自己的资金交给骗子，骗子就成功了。

思维模型四——比较优势和机会成本

虽然经济学家作为整体的预测能力一般，但一些经济学的思维模型和结论还是很有用的。比如，在宏观领域有两个公理："第一公理：通货膨胀依赖货币增长；第二公理：资产价格泡沫依赖信用增长。"[1] 在这里，我讨论两个重要且相关的经济学概念：比较优势和机会成本。

比较优势是指一个生产者以低于另一个生产者的机会成本生产一种物品的行为。比较优势理论是由大卫·李嘉图在 1817 年提出的。根据此理论，每个国家都应集中生产并出口具有比较优势的产品，进口具有比较劣势的产品，这样有利于专业化分工和提高劳动生产率。该理论被广泛应用在国家、城市、公司、个人的定位和发展上。

机会成本指的是一种选择或决策的代价是将资源用于该用途时必须放弃的用于其他用途能创造的价值。机会成本不是恒定的。例如，假设公司将自有办公楼用于一个新项目，如果某外部公司愿意以每年 50 万元的价格租用该办公楼，那么在评估该项目时需要考虑的机会成本为 50 万元，但是，如果目前市场上只有一家公司愿意以 30 万元的价格租用，那机会成本就只有 30 万元。

1 出自《狂热、恐慌和崩溃》这本讨论金融危机的经典书籍。

如果应用于企业或个人，比较优势理论认为：无论是企业还是个人都应专注在自身有比较优势的事上。比尔·盖茨和巴菲特首次会面时，盖茨的母亲请在座的每个人分享他们成功的一个最重要的因素。盖茨和巴菲特都给出了同样的答案："专注。"

反过来，如果某企业或个人从事并不具有比较优势的事，那很可能事业上不会很成功，甚至或早或晚会出问题。制砖匠阿兹穆在投资珠宝生意方面根本没有任何优势，阿卡德将钱给他用于投资珠宝生意，结果血本无归。不少研究表明，涉足多个领域的"不专注"的企业相对于专注型企业价值较低。这种现象在学术上被称为"多元化折扣"（diversification discount）。百年老牌工业集团，曾经在所经营的众多业务领域中不是全球老大就是第二的通用电气公司在最近几年的急速衰败就是最新例证。

机会成本则意味着我们在做决定或考虑某个投资机会时，需要思考为它放弃其他东西是否值得。巴菲特和芒格都认为他们犯的最大错误不是做了什么，而是没有做什么。意思是，因为资金用于投资现有的公司和证券，而未能用于投资其他的机会，从而错过了一些绝好的投资机会。

没有人比乔布斯对比较优势和机会成本的概念理解得更深刻了。在任苹果公司总裁期间，乔布斯每年都会带他认为最有价值的 100 名员工参加一次聚会。在聚会结束前，乔布斯会问："我们下一步应该做的 10 件事是什么？"乔布斯会把所有建议写下来，然后画掉那些他认为愚蠢的。经过一番周折，这组人会提出一份项目清单。然后，乔布斯会将垫底的 7 个项目画掉，并宣布："我们只能做 3 个。"[1] 他曾一针见血地指出："人们认为专注意味着对你必须专注的事情说是，但根本不是这个意思。它意味着拒绝其他

---

1 Isaacson, Walter. Steve Jobs. Simon & Schuster, 2011.

几百个好主意。你得小心挑选。事实上，我为我们没有做一些事情和我做过的事情一样感到自豪。创新就是拒绝 1000 件事。"

思维模型五——基础心理学知识

任何人都应该了解一些基本的心理学知识，包括常见的行为偏差。这点怎么强调都不过分。

政府可以利用相关知识来优化政策设计，让人们更容易地做出对自身、家庭和社会最佳的决策。

举两个例子，英国政府在几年前实施了一项试验，他们在发给车辆消费税拖欠人的信件中增加了涉税车辆的图片，图片对人的潜在刺激导致税费付款率从 40% 增加到 49%。

同为欧洲国家，德国的器官捐赠率只有 12%，而奥地利则高达 99%！德国实施的是"选择加入"制度。即只有公民明确同意"加入"器官捐赠计划，器官才能被捐赠。如果公民生前没有明确同意，医生必须得到直系家属的同意，而很多情况下，家属会拒绝这样的要求。奥地利实施的是"选择退出"制度。即除非公民明确表示退出，否则器官就能被捐赠。在信件中增加一张图片，或将"选择自由加入"变成"选择自由退出"，并没有限制个人选择，但政府却用"肘"将人们轻轻地推向了对自身和社会最佳的决策方向。[1]

很多企业和商家利用行为心理学的洞见来影响客户的决策。我曾借用社会心理学家西奥迪尼在其全球畅销书《影响力》中描述

---

[1] 更多例子请参阅 2017 年诺贝尔经济学奖得主理查德·泰勒和哈佛大学法学教授卡斯·桑斯坦在 2008 年推出的《助推：我们如何做出最佳选择》（Nudge）一书。

的六大影响他人的原则分析了我妈妈在 2013 年陷入投资骗局的经历。我在这里简述一下。

我妈妈是这么描述被骗经过的："一位老朋友带我参加了公司的宣讲活动。入场时每人发一张兑奖券。在场的工作人员都是帅哥美女。先是穿着笔挺西装的公司领导讲话，宣传公司的产品和集资的好处，集得多的人还可以到公司总部参观，到珠海、澳门旅游。接着两三个已经参与集资的顾客现身说法，讲他们自己投资了多少钱，公司如何好。活动中途抽奖，大概 20 个人抽到奖，有拿到米的，有拿到牛奶的。抽奖完了，工作人员就拿着签到单向新客户进行促销。说这次活动优惠力度特别大，投资 1 万元可获 300 元现金大奖，还有一袋大米，有 22% 的年利息，每个月发一次。如果投 1 万元，每月可拿 183 元；如果不拿月息，一年后可拿 13 个月的利息。现在签单就有这些优惠，过了活动期就没有这么高的利息，也没有现金 300 元奖励了。老顾客也在旁边宣传、动员，我知道介绍人会有 2% 的介绍费。新顾客签单后，就到台上的一个纸箱里摸奖。摸出的是乒乓球，球上写着 300 元、200 元和 100 元。让你自己挑选。这个是明摆着送钱，所有人都是找 300 元的乒乓球拿。签单结束后，大家一起吃饭。他们一开始让我投资 10 万元，我没有同意。最后他们让我投 1 万元，我觉得也不多，就同意了。"

西奥迪尼的六原则包括：喜好、权威、承诺和一致、短缺、社会认同、互惠。在这个骗局中，骗子将这六个影响他人的原则都用上了。

- 喜好原则：我妈妈参与的骗局是老朋友推荐的，公司的工作人员都是"帅哥美女"。人们很容易被所喜欢或熟悉的人所说服。在很多情况下，甚至只要提一下潜在客户朋友的名字，说是某某某推荐我和您联系的，销售人员就能成功诱使潜在客户变为真实客户。我们还常常被美丽外表所吸引，幼稚地认为"外表好看＝好／优质"。由于我们喜欢俊男靓女，并且我们倾向于遵从我们喜欢的人的意见，所以一般的销售培训课程都会包括如何梳妆打扮自己，所以车展时，车的边上会站着靓丽的车模，所以很多骗子都是帅男人和美丽女人。

- 权威原则：人们倾向于服从权威人物，即使他们被要求做令人反感甚至违法或违背常识的事情。一位美国医生曾要求护士将滴耳液用于患者被感染的右耳。但是，医生并没有在处方上完整写出"右耳"（right ear）这两个单词，而是将其缩写为"R ear"。由于 R 和 ear 连在一起是 rear，这个单词在非正式英文中是屁股的意思，因此在收到处方后，值班护士立即将滴耳液滴入了病人的肛门。[1] 人们还往往对头衔、服装和装扮（珠宝、汽车）这些权威象征屈服。我妈妈参加的活动中，"先是穿着笔挺西装的公司领导讲话"。顶着"公司领导"的光环，穿着笔挺的西服，很难不让人产生敬畏心理，从而让人更愿意相信"公司的产品和集资的好处。"

- 承诺和一致原则：如果人们以口头或书面的方式做出了承诺，他们更可能履行这样的承诺，因为人们希望自我形象前后一致。"老顾客也在旁边宣传、动员"，这些老顾客本身可能不是骗子，他们往往是在骗局没有破灭前确实获得了好处的人。当他们公开现身说法后，由于受到"承诺和一致原则"的影响，加上"2% 介绍费"的利益驱使，他们还会持

1 Davis, Neil M., and Michael Richard Cohen. Medication errors: causes and prevention. George F Stickley Co Pubns, 1981.

续、积极地做骗子的帮凶，到处宣传该公司的好。

- 短缺原则：某种机会或事物变得稀缺或难以得到时，人们会觉得这样的机会和事物更有价值，也更迫切地想得到。研究发现，让某事物变得稀少（就此 1 件），加上时间限制（最后一天打折），会使得该事物变得更加有吸引力。骗子公司在现场宣称"现在签单就有这些优惠，过了活动期就没有这么高的利息，也没有现金 300 元奖励了"，这种利用短缺原则的营销手段对多数人来说都相当有效。

- 社会认同原则：我们在判断何为正确时，往往遵从大多数人的选择。和我妈妈一同参加集资的大多是退休的老人。他们经历相似，身体尚可，手上有些余钱，自认为自己的投资判断能力很强。想想边上老客户现身说法，新客户不断在签单，这样的投资还能是骗局吗？如果要受骗，也不会是我一个人被骗！

- 互惠原则：别人给了你好处，你理当有所回报。这个"理"有两层含义。一个是你自己心理上会感觉欠了别人的（内在的压力）；一个是社会常理认为你应当有所回报，不然你不就是贪别人便宜吗（外在的压力）？我都拿到礼品，吃了饭了，怎么好意思不买点理财产品呢？互惠原则的另外一个后果就是如果对方已经做出了让步，那我们就觉得有必要做出相应的让步。一些人利用互惠原则，先做一些小"牺牲"，以获得对方的让步，从而达到自己的最终目的。这种技巧被西奥迪尼称为"拒绝—让步"技巧。骗子一开始让我妈妈投资 10 万元。他们明知一个老年人很可能不会答应这样的要求，但还是提出来了。然后骗子做出"让步"，让我妈妈只投 1 万元。1 万元要比 10 万元少很多啊！我妈妈觉得既然对方已经做出让步了，而且和 10 万元相比 1 万元也不多，就同意了。

有用的心理学原理远不只西奥迪尼的六原则。从未上过正规心理学课的芒格列出了 25 个心理学倾向。有意思的是，芒格在阅读了西奥迪尼的《影响力》后，立刻给自己的子女每人都送了一本，并且赠送给西奥迪尼一股伯克希尔股票以感谢他对自己及公众所做的贡献。按照 2020 年 11 月的股价，一股价值约为 33 万美元，这就是智慧的价值。

在投资领域，如果我们能够注意到心理偏差对我们决策的影响，不但能抵御一些诱惑，还可能提高收益。比如，一个普遍存在的心理学倾向是过于自信。过于自信导致股票买卖频繁，其结果就是扣除交易费用后的净收益率下降。一项研究发现[1]单身男性投资者最为自信，他们账户的换手率是单身女性账户换手率的 1.67 倍，结果是单身男性账户净收益率要比单身女性低 1.44%。

投资者也有"本土偏好"——喜欢投资本地、本国的公司。从 2000 年春季开始，瑞典人被要求为个人的社会保障金账户选择投资组合。个人可以自己构建，也可以接受政府的推荐。但政府很快就发现了大问题：个人选建的投资组合非常不合理！个人选的组合平均有 96.2% 的资金投向了股票，48.2% 的资金投资了瑞典本土公司，只有 4.1% 的资金投了收费低、性价比较高的指数型基金。再看看政府提供的投资组合：65% 的国外股票，17% 的瑞典本土股票，10% 的债券，8% 的对冲基金和私募股权基金；在所投的所有基金中，有 60% 是指数型基金。

从全球资产配置角度来看，政府推荐的投资组合要比个人自选

1 Barber, Brad M., and Terrance Odean. Boys will be boys: Gender, overconfidence, and common stock investment. The quarterly journal of economics 116, no. 1 (2001): 261-292.

的组合合理很多。瑞典股票市场占全球股票市场的比例很小，仅仅因为是瑞典人就要将近一半的资金投向瑞典股票吗？股票只是若干资产类别中的一种，有充分理由将 96.2% 的资金投资在股票上吗？从投资费用上来看，政府推荐的投资组合每年的管理费只有 0.17%，而个人自选的投资组合的年管理费平均高达 0.77%。[1]幸运的是，瑞典政府很快就发现了问题的严重性，不再鼓励个人自选投资组合。

另一个相当普遍的心理偏差是"锚定效应"——人们在做出判断时，易受第一印象或初始信息的影响，它们就像锚一样把人的思维固定在某处。投资者往往将买入价看成"锚定"，之后的操作，是加仓还是减仓，都会受初始买入价的影响。我本人的一项研究[2]发现公司内部人买卖自己公司股票时会受过去 52 周的最高和最低价这两个锚定因素的影响。当内部人偏离锚定，"高买低卖"时，给市场透露的信号最强。外部投资者可以据此采取行动获得超额收益。

需要注意的是，不同心理学现象是受外部及个体自身多种因素影响的。了解心理偏差或倾向引发的错误是一方面，更重要的是要根据自己的特点学会如何防止犯这样的错误。

一种有效的、能帮助人克服行为偏差的思维方式是"先外后内式思维"。从外部的、客观的概率入手，找出同类事件历史发生概率——基础概率（外部观点，outside view），然后再考虑问题的特殊性（内部观点，inside view），在此基础上调整基础概率。比如，某团队认为完成某个项目需要 2 个月（内部观点），但在行业内完

---

1 数据来自《助推：我们如何做出最佳选择》一书。
2 Li, Ruihai, Xuewu Wang, Zhipeng Yan, and Qunzi Zhang, Trading Against the Grain: When Insiders Buy High and Sell Low, Journal of Portfolio Management, 49 (1): Nov 2019, 129-151.

成类似项目通常需要 8 个月（外部观点），有效的思维方式是假设完成该项目通常需要 8 个月，但考虑到本团队的实力、该项目的特殊性，将预计完成时间下调 2 个月：预计 6 个月内能完成。利用这种思维方式做预测要比仅依赖于自己的内部观点做预测准确很多。[1]

思维模型六——基础会计知识

会计是商业基本用语。任何想自己投资或创业的人都需要掌握基本的会计知识。在此基础上，可以多阅读好的商业方面的文章和书籍，特别是有关会计丑闻的。

很多有价值的财务信息都是公开信息，只要会搜索、会分析，就能避免很多投资陷阱。比如，我妈妈在 2019 年投了某"大型集团"在美国"上市"的公司的股份。我很快就发现该公司是一家零资产无运营的空壳公司。根据美国证券交易委员会网站官方资料，截至 2018 年 6 月底，公司账上没有任何固定资产，只有现金 216 美元。总资产 216 美元，总负债 26286 美元，股东权益为 -26070 美元。公司的收入为 0 ！净亏损为 20307 美元，主要支出为聘请会计师做账和挂牌的费用：17050 美元。该公司在其2018 年年报中直接承认："公司目前没有运营，是一家空壳公司。"

再举个例子，同一行业的公司因面临相似的竞争环境，往往主要业务指标或多或少都在行业均值的上下波动。如果某个公司的一些关键财务指标比行业平均好出很多，那就需要打上个大问号。

---

1 诺贝尔经济学奖得主、心理学家丹尼尔·卡尼曼在《思考，快与慢》这本书里对内部观点和外部观点有精彩讨论。

也许是真的，但需要仔细研究和核实。同样，如果某公司的一些主要财务指标比行业平均差很多，那也是一个比较危险的信号。

2001 年 10 月，中央财经大学研究员刘姝威在《金融内参》上发表了《应立即停止对蓝田股份发放贷款》一文。2002 年 1 月，蓝田公司的 10 名管理人员因涉嫌提供虚假财务信息被拘，公司被强制停牌。"老牌绩优"的蓝田巨大泡沫的破碎成为当年中国经济界的一个重大事件。

在这篇文章中，刘姝威分析时运用的最主要方法就是进行同行业公司对比。比如，"2000 年蓝田股份的流动比率、速动比率和现金流动负债比率均处于'C0 食品、饮料'上市公司的同业最低水平，分别低于同业平均值的 2 倍、5 倍和 3 倍。这说明，在'C0 食品、饮料'行业的上市公司中，蓝田股份的现金流量是最短缺的，偿还短期债务能力是最低的""蓝田股份的产品占存货百分比和固定资产占资产百分比异常高于同业平均水平，蓝田股份在产品和固定资产上的数据是虚假的"。

有用的跨学科的思维模型很多，我们需要不断学习和实践，才能逐渐成为拥有普世智慧的人；才能更好地区分什么是骗局，什么是不可错过的机会；才能独立思考、理性判断，不随波逐流。

在投资和很多事情上，我们都不能随大溜，有些时候也无法随大溜。2020 年 11 月 8 日晚，深深房和中国恒大分别公告，终止彼此间的重组事项。11 月 9 日，深深房 A、深深房 B 复牌并且上演"冰火两重天"，深深房 A 日内涨停，深深房 B 跌停。都是同一公司的股票，为何"大溜"的反应是如此的不同？A 股投资者看好深深房在停牌四年后能够补涨，而 B 股投资者认为并购失败是不利因素。你是随 A 股大溜呢，还是 B 股大溜？

耐心与情绪控制

要成为一位好的投资者，不但需要拥有普世智慧，还要有与多元思维模型相对应的纪律性和正确的心态和情绪控制。情绪不同于知识、智慧和洞察力。你要敢于在别人恐惧的时候贪婪，你要在真正机会来到的时候快速思考和果断行动，你要能够在发现判断错误后及时止损。

耐心特别重要，我们要将自己想成持鱼叉的捕鱼者：忽略小鱼，但当大鱼游过的时候，要立刻稳准狠地扎过去。巴菲特之所以能在 15 分钟内买下国家赔偿公司，除了看重创始人林沃尔特的人品和能力，还因为他清楚该公司的价值，一直想买下它。

他了解到林沃尔特虽然并不想卖公司，但每年都要发一次脾气（用巴菲特的话说，就 15 分钟），威胁要卖掉公司。巴菲特让一个共同的朋友时刻警惕，如果林沃尔特再发脾气，立刻通知他。果然，林沃尔特很快就发脾气了。

巴菲特立刻邀请林沃尔特见面谈收购。林沃尔特说他想把公司留在奥马哈。感觉到 15 分钟的窗口期即将消失，巴菲特立刻同意不会迁走公司。林沃尔特说他不希望任何员工被解雇，巴菲特说不会。林沃尔特说，其他公司的报价都太低了，"你要多少钱？"巴菲特问道。林沃尔特说，每股 50 美元，这比巴菲特的心理价高出 15 美元，但巴菲特还是说："我买了。"

"所以我们在 15 分钟的时间内达成了协议。杰克虽然同意了，可他真的不想做成这笔交易。可他是个诚实的人，不会出尔反尔。然而，在我们握手之后，他对我说：'好吧，我想你会想要经过审计的财务报表。'如果我的回答是'是'的话，他会说：'好吧，那太糟糕了，我们无法成交。'所以我就回答说：'我做梦也不会去看经过审计的财务报表。'"[1]

本章探讨的是如何守住财富及与投资相关的一些普世智慧。不是所有的人都适合自己投资。幸运的是，如果你拥有普世智慧和高财商，你会明白并不需要自己投资就能比多数人做得好。比如，对于大多数人来说，如果想投资股市，定投费用低廉的指数基金所带来的回报要超过很多专业人士的投资业绩。

梦想清单

- 拥有普世智慧的第一步是学习。对于年纪较大、学有余力的孩子，家长可以让孩子单独阅读。但我的建议是家长和孩子一起阅读一些经典的书籍，各自做好读书笔记。读的时候如果有困惑，即时讨论；读完后，大家坐在一起，做好总结。如果精通英文，我建议看英文原版，因为一些书的原版收录的内容要多些。下面是几本经典书籍。比尔·盖茨会时不时地推出他的最新书单，可以跟着读。
  - 《思考，快与慢》，作者：丹尼尔·卡尼曼（Daniel Kahneman）。心理学家、诺贝尔经济学奖得主卡尼曼在这本全球畅销书中解释了驱动我们思维方式的两个系统。系统1是快速、直观和感性的；系统2则更慢些、更谨

---

[1] 出自《滚雪球：巴菲特和他的才富人生》。

慎些、更合乎逻辑。只有理解这两个系统如何塑造人的判断和决策，我们才能理解过度自信对公司战略的影响，也才能理解种种认知偏差对投资股票、制订度假计划等各种决策的影响。此书揭示了我们在何时可以信任自己的直觉，何时不能相信直觉，以及如何利用慢思考的好处。

○ 《助推：我们如何做出最佳选择》，作者：理查德·泰勒（Richard Thaler），卡斯·桑斯坦（Cass Sunstein）。2017 年诺贝尔经济学奖得主泰勒和哈佛大学法学教授桑斯坦提倡政府利用行为科学、政治学和经济学的研究成果来优化政策设计，通过理解人们的思维方式，政府可以让人们更容易地做出对自身、家庭和社会有利的决策。

○ 《经济学原理》，作者：格里高利·曼昆。全球最畅销的入门级经济学经典教科书。不但适合高中生、大学生阅读，也适合任何对基本经济学知识感兴趣的人。我也要求我的没有经济学背景的高级总裁班的学生阅读。

○ 《魔鬼数学：大数据时代，数学思维的力量》（*How Not to Be Wrong: The Power of Mathematical Thinking*），作者：乔丹·艾伦伯格（Jordan Ellenberg）。你应该提前多早到机场？为什么高个子的父母有矮个子的孩子？你患癌症的可能性有多大？有了数学工具，人们可以更深入地理解世界。此书为没有受过专门数学训练的人所写，但任何人都能从书中吸取经验。

○ 《超预测：预见未来的艺术和科学》（*Superforecasting: The Art and Science of Prediction*），作者：菲利普·泰

洛克（Philip Tetlock）、丹·加德纳（Dan Gardner）。此书在分析一群超级预测者的基础上指出，做出好的预测并不需要强大的计算机或神秘的方法。超预测需要从各种来源收集信息和证据，利用概率思维，重视团队合作，愿意承认错误。

○ 《穷查理宝典：查理·芒格智慧箴言录》，彼得·考夫曼（Peter Kaufman）编。此书主要包括了芒格的一些精彩演讲，主题有最有用的商业智慧、如何获得精彩人生、聪明人为什么会犯错（包括 25 个心理学倾向）等。书中也列出了芒格推荐的书籍，都是很不错的经典。本书的英文版的内容要比中文版多很多。

○ 《影响力》，作者：罗伯特·西奥迪尼（Robert Cialdini）。社会心理学家西奥迪尼用心理学理论解释了人们为什么会说"是"，以及如何在商业和日常生活中合乎道德地运用这些原则。在书中作者分析了影响他人的六原则。读者可以学到如何利用它们成为一个熟练的说服者，同样重要的是，如何保护自己不受负面影响或欺骗。

○ 《巴比伦最富有的人》，作者：乔治·克拉森（George Clason）。借书中人物巴比伦富商阿卡德分享致富之道来阐述亘古不变的金钱法则。此书被誉为所有关于节俭、理财计划和个人财富的励志著作中最伟大的一本，是一本永恒的经典。

○ 《大流感：最致命瘟疫的史诗》（*The Great Influenza: The Story of the Deadliest Pandemic History*），作者：约翰·巴里（John Barry）。该书描述了造成全球几千万人

死亡的 1918 年大流感的经过。很遗憾的是，100 年前
人们的遭遇和错误，100 年后在以不同的程度和方式重
现。如有可能，看原版。特别是作者在最后的反思。

○　太多的人物传记。

- 如果家里有老人，且老人自己管理自己的财富，建议家长
和孩子可以和老人有个坦诚的交流。这在很多家庭是个敏
感的话题，因此谈的时候需要有技巧。交流的目的是了解
老人是否参与了一些非法集资和骗局，同时让孩子接触一
些现实世界中的"真诱惑，假投资"。如果不方便和老人交
流，家长可以让孩子在网上搜索、学习一些庞氏骗局、非
法集资案的材料。

- 如果孩子是中学生，问孩子一道数学题：如果借债 1000
元买手机，每个月利息 10%，计算，1 年之后总负债是多
少？先让孩子猜结果。然后让孩子用笔和纸或计算器算出
正确结论（3138.43 元）。

- 让孩子分析自身的比较优势什么，整个家庭的比较优势是
什么，所在城市的比较优势是什么。

- 让孩子想几个生活中涉及机会成本的例子。在此基础上，
和孩子练习如何对大多数事情说"不"。可以学习巴菲特的
方式：在一张纸上写下 25 项想做的；圈出最想做的 5 项；
将其余的 20 项放在"不惜一切代价避免"（avoid-at-all-
cost）的清单上。在成功实现前 5 项目标前，根本不用考虑
其他的东西。

- 让孩子找几个身边人过分自信的例子，分析过分自信的利弊。
比如，让孩子估计下次考试成绩，看看是实际成绩高，还是
估计的成绩高（我儿子在这项测试中就表现得过分自信）。

第九章

教育：一生最重要的投资

问到投资，多数人的第一反应就是股票和房地产。如果对金融领域比较熟悉的话，可能还会提到债券、外汇、艺术品、比特币等。我估计不少人不会想到，一生中最重要的投资其实是投资我们自己。

对于我们未成年的孩子来说，最有价值的投资是教育[1]：包括在学校里的正规学历教育、家庭教育、兴趣爱好的培养、在外的培训 / 补习和终身学习等。在这章，我主要结合自己的学习和工作经历来探讨几个有关教育的话题。

教育的价值及学历的价值

毫无疑问，无论是在美国还是中国，高学历的人收入一般会高于低学历的人。根据美国劳动统计局的数据[2]，在 2020 年第三季度，25 岁以上成年美国劳动者的平均周薪是 1164 美元；没有高中学历

---

1 我这里不探讨在强身健体方面的"投资"，毫无疑问，健康的体魄是一切的基础。
2 Bureau of Labor Statistics, U.S. Department of Labor, The Economics Daily, https://www.bls.gov/news.release/wkyeng.t05.htm（2020 年 11 月 14 日）。

的人、高中毕业生、读过大学或拥有大专学历的人、本科毕业生、拥有硕士及以上学历的人的周薪中位数分别为 696 美元、901 美元、1056 美元、1552 美元和 1874 美元。拥有研究生学历人群的周薪要比高中毕业生的周薪高出 1 倍多。

如果对比不同学历人群的终身收入，拥有本科学历的人的终身收入要比高中毕业生的终身收入高出约 90 万美元（男性）或 63 万美元（女性）[1]；而拥有研究生学历的人的终身收入相比高中毕业生的要高出 150 万美元（男性）或 110 万美元（女性）。中国按学历统计的收入数据比较缺乏，但根据 2020 年部分高校的数据来看，本科生与研究生的月收入差在 1000～2000 元之间，有些甚至相差 3000 多元。[2]

研究[3]还发现，拥有高学历的人会有更健康的生活方式，会更积极主动地参与社会活动，也会更多地参与子女的活动。在 2018 年，在美国 25～34 岁年龄段的人群当中，69% 的拥有本科学历的人表示每周至少进行一次剧烈运动，而只有 47% 的拥有高中学历的人会至少剧烈运动一次。父母受教育程度较高的孩子要比其他孩子更有可能与家人一起参加与教育相关的活动。

我是 1990 年初中毕业的。当时高中毕业能够上大学的人不多。是上普通高中（今后有可能考上大学）还是上职业高中？一些家长认为还是上职业高中好，这样孩子可以早点工作赚钱。有些成绩很好、有能力考大学的学生在"早点工作赚钱"的思想下，选择了职业高中。谁知，改革的发展和社会认知的改变很快让拥有更高学历

1 Tamborini, Christopher R. Chang Hwan Kim, and Arthur Sukamoto. 2015. Education and Lifetime Earnings in the United States. Demography, 52:1383-1407.

2 《官方统计！45 所高校毕业生薪酬，硕士比本科高多少？》，2020 年 6 月 14 日，网址：https://www.sohu.com/a/401804135_120641228?_trans_=000014_bdss_dklzxbpcg P3p:CP=。

3 Jennifer Ma, Maea Pender, Meredith Welch, Education Pays 2019, CollegeBoard, https://research.collegeboard.org/pdf/education-pays-2019-full-report.pdf.

的人在竞争中更有优势，不同学历人群的收入也不断拉大。

虽然学历高不等于能力强，但对于多数人来说，投资于学历教育的金钱回报率还是很高的。这就是为什么我在"负债：需慎之又慎"这章指出用于攻读学位的借债一般来说是"好债务"，是可以有的。

教育与财商

美国前消费者金融保护局局长曾指出："教育是管理金融事务能力的基石……这意味着在美国，它（金融教育）至少和我们必修的美国历史和政府课程一样重要。"[1]

这位局长这里强调的是金融教育。但几位经济学家的研究发现，即使是一般性教育也会对改善个人财务管理和决策产生积极的作用。[2]他们发现，每增加一年的正式教育，个人拥有投资性收入（利息、股票分红、净房租收入、版税等）的可能会提高 7~8 个百分点，拥有股票的概率会提高 4 个百分点。此外，更多的教育会大大降低个人宣布破产、丧失抵押品赎回权或拖欠信用卡债的概率。研究者发现这种结果是个人的储蓄和投资行为的变化所导致的，而不是简单地因劳动收入增加所致：受过更多教育人不但有更高的劳动收入，也更有可能参与股票市场，更多地投资收益型资产，能更好地处理信用卡卡债，这些都表明教育可以提升人们的财务管理和决策水平。

---

1 https://www.consumerfinance.gov/about-us/newsroom/prepared-remarks-of-richard-cordray-at-the-federal-reserve-bank-of-chicago-visa-inc-financial-literacy-and-education-summit/。信息提取时间：2020 年 11 月 28 日。

2 Cole, Shawn, Anna Paulson, and Gauri Kartini Shastry. Smart money? The effect of education on financial outcomes. The Review of Financial Studies 27, no. 7 (2014): 2022-2051.

如何激励孩子学习

孩子不愿意学习、不愿意读书怎么办？可以用物质刺激，比如，帮他买好吃的，带他去看电影，或者直接给他钱吗？还是用精神奖励，比如，赞扬他？回答是因孩子而异。

我们需要真正了解孩子最看重什么，了解什么能够激励他们。一旦我们发现孩子最看重什么，我们就可以设计出有效的方法来影响他们的行为并诱导其改变。比如，孩子的最爱的是打游戏，家长可以规定每天必须完成所有作业、阅读至少30分钟后才能打游戏20分钟。如果孩子最想得到的是某款球鞋，而孩子自己的积蓄还不够，家长可以和孩子约定：如果你期末考试平均成绩达到90分，爸爸就会给你200元，加上你自己的积蓄，就可以买下心仪的鞋了。

每个孩子都是不一样的，用适合其他孩子的激励手段来激励自己的孩子是危险的。有时候激励会让孩子做出与我们的期望相反的事，而且更强的激励未必能带来更好的效果。有些在短期内有效的激励手段，在长期内未必有效。

激励，特别是物质激励，能否提高孩子的成绩，一直是学术界和教育界关心的话题。

根据国际经济合作与发展组织（OECD）在2012年的评估，在65个国家中，美国高中生的数学成绩排名第36位，中国上海的高中生排名第一。几位经济学家研究发现，如果以金钱为"诱饵"，可以使美国学生在数学测试中的排名升至第19位。[1]

---

1 Gneezy, Uri, John A. List, Jeffrey A. Livingston, Xiangdong Qin, Sally Sadoff, and Yang Xu. Measuring success in education: the role of effort on the test itself. American Economic Review: Insights 1, no. 3 (2019): 291-308.

　　他们招募了两所美国高中、四所上海高中的学生。在测试当天，每个实验组都有部分学生得到了 25 美元的现金，或等同于 25 美元的人民币，其他同学则没有拿到任何现金（作为参照对象）。拿到现金的学生被告知这些钱归他们，但是他们每做错一道题，实验人员会拿走一定的金额。

　　研究人员发现，上海学生的考试表现没有改变，但拿到 25 美元的美国学生比未拿到钱的美国学生做的题目更多，并且正确率更高。在金钱的刺激下，学生更加努力、更加认真对待考试。有趣的是，金钱激励使得美国男生的分数提高的幅度是女生的两倍。

　　这项研究成果发表在最顶尖的经济学期刊《美国经济评论》上。其中的两位作者格内齐和利斯特在他们的书 [1] 中描述了在芝加哥公立学校做的一系列金钱刺激的实验。实验对象包括学生、老师和家长。他们的实验设计融合了行为经济学的研究成果。

　　简单地说，如果我们想用金钱来激励孩子努力学习，首先，我们应意识到多数孩子希望立刻获得满足，金钱的激励要针对近期的努力，而不是几个月之后的。比如，在考试前三天和孩子约好金钱激励（如成绩每提高 10 分就奖励 100 元），考试成绩出来后立刻兑现，要比等到学期结束后再兑现激励效果更好。

　　其次，可以利用人们痛恨失去已拥有东西的心理。这在心理学上叫损失厌恶（loss aversion）——同样一件东西，你得到它产生的愉悦，跟失去它产生的痛苦相比，后者更为强烈。假设孩子的正常水平在 90 分左右。家长在考试前可以先给孩子 100 元钱，告诉他这钱就是他的，但是，在考试中每失一分需退还 10 元钱。结果孩子考了 92 分，孩子须还给家长 80 元，自己留下 20 元。这样

1 List, John, and Uri Gneezy. The why axis: Hidden motives and the undiscovered economics of everyday life. Random House, 2014.

的约定要比直接和孩子说你超过 90 分几分就给你几个 10 元钱带来的刺激更强。

再有，激励的设计要合理。如果孩子的正常水平只有 80 分，你按照上面的设计可能就没有多大效果，孩子可能会产生抵触情绪：根本不可能达到，努力也没用。

最后，还是要强调的是，激励的方式有多种。金钱和物质激励未必是最佳的。我们需要在了解自己孩子的基础上，投其所好设计奖惩机制。

兴趣爱好重要吗

孩子兴趣爱好的培养与发展的重要性不言而喻。达克沃斯在《坚毅》一书中感叹："如果我能挥舞魔杖，我会让世界上所有的孩子至少参加一项他们选择的课外活动，至于那些高中生，我会要求他们至少坚持一项活动一年以上……有无数的研究表明，更多地参与课外活动的孩子在几乎每一个可以想象的指标上都表现得更好，他们有更好的成绩，更强的自尊心，不太可能遇到麻烦，等等。"

很遗憾的是，我们很多家长虽然在孩子小的时候很注重并极力培养孩子的兴趣爱好，但到孩子上初中后，就开始限制孩子的课外活动，他们的理由是：一切以学业为重！孩子在课外参加的只能是语数外这些科目的补习课。

心理学家马戈·加德纳（Margo Gardner）和她的合作者跟踪调查了 11 000 名美国 10 多岁的青少年，一直到他们 26 岁为止。她们的目的是研究在高中阶段参加课外活动两年（而不是一年）是否影响成年后的成功（美国高中是四年制）。加德纳发现：在课外活动上花一年以上时间的孩子更有可能从大学毕业，而且，作为年轻人，他们更有可能在自己的社区里做志愿者。孩子们每周花在课外活动上的时间也能预测他们能否有工作（而不是年轻时失业）和挣更多的钱，但有效性仅在那些参加活动两年而不是一年的孩子身上成立。

我儿子在 7 岁时曾在国际象棋特级大师黛安娜·图尔曼（Diana Tulman）在新泽西开创的一所国际象棋学校学习过。学校里的学生多数是华裔、印度裔和俄罗斯裔。这三个族裔都擅长数理和工程。这些学习国际象棋的孩子后来很多都考上了名校。不知道究竟是这些孩子从小就显示出了与众不同的智力水平，家长才着重培养他们学习国际象棋，还是在下棋过程中，他们各方面的能力，如计算、逻辑、决策、想象力、坚持不懈的精神及心理承受能力都得到了锻炼和提高，从而在高校入学时极具竞争力？他们很多人都认为国际象棋给他们的人生带来了巨大的影响。

专业重要吗

虽说本科教育更多的是博雅教育，但专业对人一生的影响还是巨大的。最理想的是读一个自己喜欢又擅长（有比较优势）、就业前景又很好的专业。但即使是最优秀的孩子，也未必能一下子就步入这样的理想状态。一些进入最顶尖学府的孩子不得不接受专业调剂，去读自己不太喜欢、就业机会少的专业。幸好，很多大学都有读双学位的机会，学有余力的学生可以修一门自己喜欢的第二专业。

很多孩子在高中毕业的时候还不清楚自己究竟喜欢什么。我就是一例。我本科学的是动力机械工程。可是到了大一下学期，我陷入了很长的迷茫期。感觉已经适应了大学的生活，学习上也能应付，但是不知为何，我内心感到很迷茫。我自知并不喜欢做工程，感觉自己可以做得不错，但永远做不到最好。上海交大的闵行校区有一个很大的人工湖。有很多夜晚，我就一个人绕着人工湖慢慢地走，边走边思考我究竟喜欢做什么、能够做什么。当时是我第一次真正思考什么是理想，真正体会到人生目标对于一个人的重要性。这样的思索一直延续到大二。在大二时我选择了工业外贸作为第二学位，从而有机会接触到管理和经济等和工程完全不一样的学科，并逐渐喜欢上了经济管理。

本科毕业后，我考上了管理学院的硕士研究生。当时就一心想读个美国名校的经济学博士，成为一个经济学大师，为国做点贡献。现在想想当时是很幼稚的。到了美国后，我才发现平均而言，经济学博士的就业前景不如金融学博士好，我在读博士二年级的时候结合自己的兴趣和未来的就业前景，最终决定从事证券交易战略的实证研究。

在大数据、人工智能时代，我个人认为如果孩子还没有明确的喜好，可以选择数据分析、计算机、金融科技甚至数学（如果数学功底好的话）这些专业。我相信在未来很多年这些专业的毕业生都会很抢手。

终身阅读与学习

我在前一章中提到拥有普世智慧的第一步是学习，并建议家长和孩子一起学习一些经典的书籍，做好读书笔记并讨论。

我们一生中最重要的投资是投资自己的教育，而投资自己的教育最方便、"性价比"最高的途径是阅读。

毛泽东认为："饭可以一日不吃，觉可以一日不睡，书不可以一日不读。""有了学问，好比站在山上，可以看到很远很多东西。没有学问，如在暗沟里走路，摸索不着，那会苦煞人。"

芒格说："在我的一生中，我认识的（在众多领域中的）智者中没有一个不一直阅读的——没有，零！你会惊讶于沃伦（巴菲特）读了多少东西，惊讶于我读了多少。我的孩子们总是嘲笑我。他们认为我是一本长着两条腿的书。"

我曾在纽约参加过一次国内金融媒体组织的活动。组织方很有能耐，邀请到凯雷集团的联合创始人大卫·鲁宾斯坦（David Rubenstein）。凯雷是世界顶级私募股权投资公司，鲁宾斯坦在2020年的个人资产大约为33亿美元。他出生在巴尔的摩的一个低收入犹太人家庭，爸爸是邮递员，年收入从来没超过过7000美元。是读书和终身学习改变了鲁宾斯坦的命运。

鲁宾斯坦在1970年以优异的成绩毕业于杜克大学。1973年，他在芝加哥大学获得法学博士学位。之后，他在不同的私人律师事务所和政府部门工作。

在被问到"凯雷集团是怎么创立的？"时[1]他是这么回答的："发生了两件事。我读到比尔·西蒙（Bill Simon）在20世纪80年代初做了杠杆收购，他购买了吉布森贺卡公司，以100万美元的投资赚了8000万美元。我不知道杠杆收购是什么，但听起来比法律更有吸引力。然后我读到通常一个企业家在28岁到37岁之间创办他

---

1 David Gelles, "Billionaire Confessional: David Rubenstein on Wealth and Privilege"，《纽约时报》，2020年3月12日。网址：https://www.nytimes.com/2020/03/12/business/david-rubenstein-carlyle-corner-office.html。

的第一家公司，所以我说：'哦，如果我要做，我最好现在就做。'"鲁宾斯坦是在 1987 年他 37 岁时创办凯雷的。请注意，他用的是"读到"。导致他创立凯雷的两件事是他"读"到的。事实上，他是一位超级大书虫。在一次广播采访中，他透露他平均每周阅读 2 本新书，一年大约读 100 本书。鲁宾斯坦语速极快，说话像机关枪扫射一样，思路也尤为清晰。我想这和他读书多不无关系。

耐克创始人菲尔·奈特（Phil Knight）创业的想法产生于 20 世纪 60 年代初他在斯坦福商学院读书时。在一门创业课上，他选择的创业研究课题是从日本进口跑鞋。当时日本照相机已经逐渐打入被德国厂商主导的照相机市场，奈特认为日本造的跑鞋也会如此。他完全沉醉于这个想法之中，整天泡在图书馆，学习所有有关进出口和创业的资料。虽然他最后得了 A，但他的斯坦福同学显然对这个想法丝毫不感兴趣。在奈特给班级的演示中，竟无一人提问，大家都觉得很乏味。

但奈特从未停止思考这篇报告，直到有一天，他鼓足勇气向他爸爸要钱去进行一次全球旅行，同时走访一些日本造鞋企业，希望能够成为他们的美国合作伙伴。这个疯狂的想法是一切的起点。

奈特一生热爱阅读，特别是关于战争的书籍。他从麦克阿瑟、丘吉尔、巴顿这些伟人身上汲取精神养分。他在《财富》杂志上读到的一篇关于日本贸易公司的文章改变了他公司的命运。该文章指出日本的这些贸易公司的信贷标准要相对松些。1970 年，正当奈特急于应付公司急剧扩张所带来的资金压力时，他读到了《财富》杂志的这篇文章。因为这篇文章，他走进了东京银行，而东京银行随即将奈特介绍给了日商岩井——耐克之后发展的主要合作伙伴。

读书改变命运。幸运女神总是眷顾那些热爱学习的人。无论是在校园里攻读学位，还是在校园外的终身学习和阅读都会改变我们。知识就像复利一样，只要坚持学习和阅读，在时间的陪伴下，一定会给我们带来根本性的改变！

梦想清单

- 在未来 6 个月内，带孩子到家附近的一所高校，或自己毕业的高校"深度游"。如果外出旅游，旅游地有著名高校，可以留出半天时间，带孩子去转转。

- 建议家长和孩子一起阅读奈特的自传《鞋狗》。我相信你会学到很多东西：他的执着、大胆、精明与谨慎。他从不放弃，多次将房子抵押。他的这种永不放弃的精神在小时候就体现了出来。在一个暑假，他和一个小伙伴 Cousin Houser 一共打了 116 场羽毛球。为什么是 116 场呢？因为他输了前 115 场！

- 家长请孩子列出他最想要的东西和最喜欢做的几件事情（有些孩子不愿意交流，但家长可以暗地里仔细观察）。在此基础上，家长可以和孩子一起设计激励孩子学习的计划。家长应主导，但计划须得到孩子的认可。别忘了"即时满足"和"损失厌恶"这两个心理学现象。

第十章

如果你有个女儿

一位女大学生在知乎上问了一个有趣的问题："邻居叔叔给老爸说女孩考上大学没用，他的女儿嫁得好，生活好，上大学的我该怎样让他明白高等教育的重要性？"一些回答很精彩。

"跟这些人说太多没用，曾经也有个大妈对我说，干吗要上大学，学得好不如嫁得好，我说，为了不嫁到你家当儿媳妇。"

"不读大学可能不知道什么是嫁得好，嫁得好的概率也会变小。"

"对待这种人最好的办法就是不要理会，敬而远之。我曾经有个老师经历过比这过分得多的事情：在她宝宝出生的那一天，一个陌生大妈跑过来瞥了一眼，极其不屑地说：哟，是个女孩啊，真是可惜了。本来高高兴兴的一家人顿时就被扫了兴。结果没多久她的儿媳妇也生了个女孩……"

从问答中，我们可以看出世俗对女孩的偏见，对教育价值的无知，扭曲的婚恋观和女孩自身的迷茫。

女性话题是个敏感但又绕不开的话题。

人民币、比特币、股票、期货、黄金、房地产等任何形式的货币、证券和投资没有性别之分。我在前面所有章节分享和探讨的内容也不因性别而有所不同。无论是对工作、对储蓄、对花费、对负债的态度，还是对品格的培养，都不应因是男孩或是女孩而区别对待。不能说让儿子学会节俭，而对女孩的大手大脚睁只眼闭只眼，也不能说男孩不要叠被子，那是女孩的事，更不能说长大后男人负责在外赚钱，女人负责在内持家。可以说，在金钱观的培育方面，绝大部分的理念是不分男女的。

那为何要单独拿出一章探讨如何培养女孩？那是因为男女生理 / 心理特征（包括发育早晚不同）、人均寿命（女性平均寿命长）、（错误或陈旧的）社会观念（如认为男孩更适合学习理工科）、家庭 / 学校 / 职场中的偏见和歧视、人口结构等这些因素造成了在男孩和女孩的培养上会有所不同。

女孩男孩的"真不同"

生理上的不同

2021 年"三八国际妇女节"，我在"谈股言经"公众号里发布了一篇题为"关爱她，从弥合性别数据鸿沟做起"的文章。在文章的一开始，我用了六个"关爱她"：

关爱她，您就应意识到很多女性不愿乘坐公共交通工具，而总是打车或开车，不是太娇贵，是因为她们害怕公交车或地铁里的"咸猪手"。

关爱她，您就应意识到男性感觉舒适的空调温度对女性来说可能太冷了，因为从事轻度办公室工作的成年女性的新陈代谢率明显低于从事相同类型活动的男性。[1]

关爱她，您就应意识到很多男性用起来很"顺手"的工具和设备对女性来说都太大、太重了，因为女性的手平均比男性的短2厘米，女性的握力平均比男性低41%。[2]

关爱她，您就应意识到女性突发心脏病的误诊率要高出男性50%，因为很多女性，特别是年轻女性在心脏病发作时并没有男性发作时常有的心痛或左臂痛的症状。

关爱她，您就应意识到适合男性的用药量，包括麻醉剂和化疗药物在内，用在女性身上可能就会药剂过量。[3] 其中一个原因就是女性的体脂比例要高于男性，而且女性体内流向脂肪组织的血流量更大，这会影响女性对某些药物的代谢。

关爱她，请从弥合性别数据鸿沟做起……

女孩一生下来就和男孩不同。比如，女婴往往比男婴先用声音和手势交流，随着女孩年龄的增长，她们的词汇量也越来越大。人的大脑中有一种和沟通能力相关的蛋白质——FOXP2。研究[4]发现，4~5岁女孩的FOXP2蛋白质要比同龄男孩的高出30%。根据《女性大脑》（*The Female Brain*）一书的作者鲁安·布里岑丁

1 Belluck, Pam, Chilly at Work? Office Formula Was Devised for Men, 2015年8月3日。https://www.nytimes.com/2015/08/04/science/chilly-at-work-a-decades-old-formula-may-be-to-blame.html?_r=0。

2 Puh, Urška. Age-related and sex-related differences in hand and pinch grip strength in adults. International Journal of Rehabilitation Research 33, no. 1 (2010): 4-11.

3 Schiebinger, Londa. Women's health and clinical trials. The Journal of clinical investigation 112, no. 7 (2003): 973-977.

4 Bowers, J. Michael, Miguel Perez-Pouchoulen, N. Shalon Edwards, and Margaret M. McCarthy. Foxp2 mediates sex differences in ultrasonic vocalization by rat pups and directs order of maternal retrieval. Journal of Neuroscience 33, no. 8 (2013): 3276-3283.

（Louann Brizendine）教授的研究，女性平均每天要说2万个单词，而男性只有7000个单词。

女孩在生理上比男孩成熟得更快。女孩的青春期通常比男孩早大约1~2年，由于生理上的差异，女孩通常比男孩更快地完成青春期阶段。科学家们还不清楚为什么女孩比男孩更早进入青春期。进化论的观点认为女性发育得更快，导致她们会选择年龄比她们大几岁的男性，原因是同龄男性的能力较低，无法保护和供养她们及未来的孩子。

在英国的一项研究[1]中，科学家们发现随着大脑的成熟。大脑中不经常使用的连接会收缩和消失，那些经常使用的神经网络则会存活下来。这是人体内神经网络适者生存的一个例子。优化大脑连接是为了让人类更好地生存。该项目的研究者索尔·林（Sol Lim）认为："大脑发育过程中，失去连通性实际上可以通过更有效地重组网络来帮助改善大脑功能。"

科学家们发现，去除多余的神经网络和优化大脑连接通常发生在10~12岁的女孩和15~20岁的男孩身上，这解释了为什么女性在童年和青少年时期在某些认知和情感领域成熟得更快。

在这点上，我自己深有感触。我的女儿比儿子小三岁，但在不少方面，女儿做事要比儿子成熟些。在新冠肺炎疫情期间，我每天下午都会陪他们去镇上的活动中心玩两小时。每次出门的时候，女儿总是记得戴上口罩，儿子则经常忘了。在天气好的时候，他们两人骑自行车，我在后面跑步跟着。在路口或下坡的时候，女儿总是提醒我"爸爸小心"，而儿子从来没有提醒过我，总是自顾

---

1 Lim, Sol, Cheol E. Han, Peter J. Uhlhaas, and Marcus Kaiser. Preferential detachment during human brain development: age-and sex-specific structural connectivity in diffusion tensor imaging (DTI) data. Cerebral Cortex 25, no. 6 (2015): 1477-1489.

自地骑车。在家里，也是女儿经常提醒哥哥不要忘记关灯、吃饭
前洗手，等等。

女孩和男孩还有一个不同，他们在出生时的预期寿命不一样。
根据世界银行的数据[1]，在 2018 年，中国人出生时的平均预期寿命
为 76.7 岁，女性的预期寿命为 79.1 岁，男性的为 74.5 岁。由于丈
夫的年龄一般要比妻子大，这意味着女性更需要在财务上做更长
远的规划。

心理行为不同

男女除了在生理上不同外，在心理行为上也展示出迥异的
特点。

我在"守住财富和投资的普世智慧"一章提到过一个常见的心
理偏差是"过度自信"，而且男性比女性更容易过度自信。表现在
投资上就是男性买卖股票过于频繁，而频繁交易的结果就是投资
净收益率低。金融学家巴伯和奥丁的研究显示[2]：整体而言，男性买
卖换手率是女性的 1.45 倍。单身男性投资者的换手率最高，是单
身女性的 1.67 倍。在扣除交易费用后，单身男性账户净收益率要
比单身女性低 1.44%。

格雷厄姆等学者还发现男性投资者比女性投资者更认可自己
的能力。[3] 投资者自我评价的能力的衡量标准是对以下问题的回答：
"你对自己理解投资产品、投资替代品和机会的能力有多满意？"
打分范围从 1（非常不满意）到 5（非常满意）。与收入水平、投

---

1 来源：https://databank.worldbank.org/home。

2 Barber, Brad M., and Terrance Odean. Boys will be boys: Gender, overconfidence, and common stock investment. The quarterly journal of economics 116, no. 1 (2001): 261-292.

3 Graham, John R., Campbell R. Harvey, and Hai Huang. Investor competence, trading frequency, and home bias. Management Science 55, no. 7 (2009): 1094-1106.

资水平、学历水平相当的女性投资者相比，男性投资者对自我能力的评估得分更高，为 4.01 分，而女性只有 3.64 分，男女差异为 0.37 分。而过于相信自己的能力导致男性交易相对更加频繁。

男女在对待风险的态度和对投资收益的预期上也不同。一项德国的研究[1]发现，在回答"你如何看待自己：你通常是一个完全准备好承担风险的人，还是试着避免风险？"这个问题时，相对更多的女性坦诚更不愿意承担风险。另一项研究[2]分析了人们对未来 12 个月美国蓝筹股投资收益的预期。研究者发现，相比于男性，女性更为悲观。在每个年龄段，认为未来股票会涨的男性比例都要比认为会涨的女性比例高出 10% 左右。

消费行为不同

在美国一般家庭中，女性控制了过半的消费开支与决策权。很相似，中国家庭的消费也是由女性主导的。根据和讯网发布的《2017 女性财富管理报告》，2016 年，全国有 80.6% 的家庭总消费由女性决策，阿里巴巴在线电商销售额的 70% 由女性贡献。

男女的消费行为也很不一样。美国一家营销公司 Crobox 根据学术研究、调研和实验总结了男女消费习惯的五大不同[3]：①男性相对更愿意在移动设备上购物；②在网购时，女性比男性更愿意花时间进行研究和对比（男性更愿意买可用的产品，女性则希望找到"完美的解决方案"）；③女性比男性更易受社交媒体和商品

1 Dohmen, Thomas, Armin Falk, David Huffman, Uwe Sunde, Jürgen Schupp, and Gert G. Wagner. Individual risk attitudes: Measurement, determinants, and behavioral consequences. Journal of the European Economic Association 9, no. 3 (2011): 522-550.

2 Dominitz, Jeff, and Charles F. Manski. Expected equity returns and portfolio choice: Evidence from the Health and Retirement Study. Journal of the European Economic Association 5, no. 2-3 (2007): 369-379.

3 Men vs. Women: How they shop, Corbox 团队，2019 年 6 月 11 日。https://blog.crobox. com/article/men-women-shopping-differences。信息提取时间：2020 年 11 月 29 日。

评论的影响；④男性目标明确、急于做决定，女性喜欢分析、评估和搜索，在众多商品间徘徊、闲逛；⑤女性更关注打折和促销，很多女性使用社交媒体的主要目的就是寻找打折和促销信息。

就培养孩子的财商而言，家长可以根据孩子生理和心理发展的实际情况，稍早 1～2 年向女儿灌输一些我在前面章节讨论的相关理念。

6 岁的女儿在 2021 年春节收到了长辈们 1000 美元的压岁钱。我太太决定试着让她自己思考如何使用这笔钱。太太先简单地讲了股票投资的知识，让女儿选择自己最喜欢的公司投资。女儿首先选择了经常和妈妈去的好市多超市，因为她看到不论什么时间段去，妈妈都很难找到停车位，说明人流很多，生意很好。她接着又选了自己最喜欢的迪士尼公司，因为她觉得迪士尼的主题公园是世界上最快乐的地方，每次去都要排队很长时间才能玩上自己喜爱的项目；而且她特别喜欢迪士尼的电影，这些都说明迪士尼是一家非常受欢迎的公司。

我举这个例子的目的不是鼓励所有家长都让六七岁的孩子开始接触股票。事实上，孩子上初中甚至高中后再接触股票也不算晚。而且，自己喜欢的好公司并不意味着是好的投资选择（苹果公司再好，如果目前股价是 1 万美元一股那也不是好的投资选择）。我这里想说的是，不少女孩在很小的时候就能做一些较为深入的思考和分析了。家长可以考虑较早地让女儿接受财商教育。

此外，我们可以和孩子讲，自信是好的，但过分自信未必是好事；多鼓励孩子相信自己的能力，要更乐观，更具有冒险精神。不过这些都应因孩子而异。我所讨论的男女在心理行为方面的差异，都是依据针对成年人的研究，而且这些差异都是相对而言的。如果女儿本身已经很爱冒险了，我们就不必一直鼓励她去冒险。

再有，我们要多提醒孩子（特别是女孩）要有正确的消费观。和讯网的《2017女性财富管理报告》指出："新金融令女性消费更'任性'……身上没带钱不再是女性遏制消费冲动的理由……360度无死角的支付便捷加上现金消费数字化所放大的消费欲，让不少女性深深感到：现在出门不带钱花得反而更多了！"另外，众多金融机构"为了迎合大部分女性超前消费、即时消费的消费心理"纷纷推出专注女性的消费金融产品和服务。如果我们从小就教育孩子不"超前消费"、不屈从于"即时消费"的诱惑，孩子长大后很可能就不会那么"任性"。

女孩男孩的"假不同"

父母在有意无意间对待女孩与男孩会有所不同。而很多的不同不是建立在男女生理或心理行为差异上，而是建立在对女孩能力和行为的无知和偏见上的。

一些父母，在孩子还是婴儿时，就对女孩的期望低些。学术研究显示，母亲们往往高估了男孩的爬行能力，却低估了女孩的爬行能力。[1]因相信女孩比男孩更需要帮助，母亲往往会花更多的时间安慰和拥抱女婴，而花更多的时间让男婴自己玩耍。[2]

父母在表扬孩子的时候也不同。一项针对14~38个月大的孩

---

1 Emily R. Mondschein, Karen E. Adolph, and Catherine S. Tamis-Le Monda, Gender Bias in Mothers' Expectations About Infant Crawling, Journal of Experimental Child Psychology 77, no. 4 (2000): 304–16.

2 Clearfield, Melissa W., and Naree M. Nelson. Sex differences in mothers' speech and play behavior with 6-, 9-, and 14-month-old infants. Sex Roles 54, no. 1-2 (2006): 127-137.

子的研究[1]发现：虽然男孩和女孩从父母那里得到的表扬次数相当，但父母会更多地表扬男孩的努力过程。对过程而不是对能力的表扬会促使孩子认为能力是可塑的，将成功归因于努力工作，更享受挑战，更愿意采取行动改变自己。在幼儿阶段，给予更多针对努力过程的表扬会使男孩在 7 ~ 8 岁时处于优势地位，他们更容易用成长的心态来看待自己的发展。而女孩更容易将失败归因于能力不足，导致意志力和学习动力减弱，这有可能致使她们学业成绩下降。在学校里，老师也倾向于将男孩的好表现归功于努力[2]，但将女孩的成绩归功于能力。

在学习方面，家长会对子女的数学能力有不同的看法，尽管实际上男孩和女孩在数学上的表现并无差异[3]。更多的家长认为，要想在数学上获得成功，女儿必须比儿子更加努力，并认为高等数学对儿子更重要，因为它能增强儿子"天生"的才能。商家也在潜意识里认为女孩学习数学更困难。1992 年的一款芭比娃娃说的一句话是："数学课真难。"（Math class is tough.）

另一项研究[4]发现，男孩的家长更愿意参与孩子在学校的活动，比如在家长会上，男孩的家长会更多地和老师沟通。男孩家长也会存更多的钱来支持男孩的学业。

我在前面几章指出了掌握基本数学技能对于提高财商的价值

1 Gunderson, Elizabeth A., Sarah J. Gripshover, Carissa Romero, Carol S. Dweck, Susan GoldinMeadow, and Susan C. Levine. Parent praise to 1-to 3-year-olds predicts children's motivational frameworks 5 years later. Child development 84, no. 5 (2013): 1526-1541.

2 Dweck CS, Davidson W, Nelson S, Enna B. Sex differences in learned helplessness: II. The contingencies of evaluative feedback in the classroom and III. An experimental analysis. Developmental Psychology. 1978;14:258–278. doi: 10.1037/0012-1649.14.3.268.

3 Parsons, Jacquelynne Eccles, Terry F. Adler, and Caroline M. Kaczala. Socialization of achievement attitudes and beliefs: Parental influences. Child development (1982): 310-321.

4 Raley, Sara, and Suzanne Bianchi. Sons, daughters, and family processes: Does gender of children matter?. Annu. Rev. Sociol. 32 (2006): 401-421.

及投资教育的重要性。如果家长和老师在潜意识里都认为女孩在学习数理化方面不如男生，如果家长更愿意参与儿子而不是女儿在学校的活动，这很可能会制约女孩最大限度地发挥她们的潜能，并对她们的抱负和职业选择产生长远的负面影响。

家长的看法对孩子的影响极大。如果家长潜意识里为女孩设定了错误的、有偏见的条条框框，并在日常交流和教育中显露出来，女孩是会感受到的，她们可能会更多地怀疑自己的学习能力。

2005年，哈佛大学法学院院长埃琳娜·卡根（Elena Kagan）提到了一份关于顶级法学院女学生的调查报告。该报告指出，当被问及"是否认为自己在法律推理课上处于班级前20%"时，33%的男学生回答是，而只有15%的女学生回答是。女学生对自己"快速思考、口头辩论、撰写简报和说服他人"的能力评价也较低[1]。

我的母校布兰迪斯大学的遗传学家格雷戈里·佩茨科（Gregory Petsko）曾指出："我注意到我的女学生和男学生有个区别。几乎无一例外，我认识的那些才华横溢的女性都会低估自己的能力。几乎无一例外，那些有才华的男人相信自己拥有更多的能力……我敢打赌这主要是文化因素造成的。任何老师都会告诉你，如果学生被告知他们可能会失败，他们就会失败。女人怎么可能在一个认为她们学不会数学或科学的环境里，不自我怀疑？！"[2]

2020年2月24日，101岁的美国黑人女数学家、美国国家航空航天局前雇员凯瑟琳·约翰逊（Katherine Johnson）过世。她的轨道力学计算对于美国第一次及随后的载人航天飞行的成功至关

---

1 这个例子取自美国已故最高法院大法官金斯伯格的自传《我自己的话》（*My Own Words*）。
2 Petsko, Gregory A. Feet in mouth disease. Genome biology6, no. 3 (2005): 1-3.

重要。她因精通复杂的手工计算而赢得声誉，并帮助开创了使用计算机执行任务的先河。她在 2015 年和 2019 年被分别授予"总统自由勋章"和"国会金质奖章"。

凯瑟琳从小就展现出了数学天赋。在她成长的种族歧视年代，她家乡的公立学校最多让黑人小孩读到 8 年级（相当于国内的初二）。她的妈妈就是她的老师，她的父亲做过伐木工、农民和杂工。她的父母看到她的天赋和教育的价值，没有向现实低头，努力安排四个孩子在离家 100 多英里（约为 161 千米）处的一所高中就读。为了孩子的教育，她爸爸在学校附近租了一间房子，自己在学校和老家的工作地点之间两头奔波。凯瑟琳 14 岁高中毕业，18 岁获得数学和法文双学士学位。2016 年的一部传记电影《隐藏的数字》（*Hidden Figures*）以凯瑟琳和另外两位黑人女数学家为原型，讲述了在 20 世纪 60 年代太空竞赛期间她们为美国航天事业做出的特殊贡献。

凯瑟琳的故事让我想到了已故华裔女科学家，有"物理学第一夫人""核物理研究皇后"之称的吴健雄。在战火纷飞的年代，她没有选择为人妇，而是在 1936 年她 24 岁的时候登上了去美国的邮轮，继续深造。后来，她的"吴实验"证明了李政道和杨振宁在 1956 年提出的"宇称不守恒"，直接导致了李杨二人在 1957 年获得诺贝尔奖。

教育是最好的投资。如果凯瑟琳和吴健雄在一个世纪前屈服于世人为女孩设置的条条框框，她们很可能就会像很多女孩一样，早早工作，早早嫁人，早早生小孩了。

养女的好时代：中国女大学生占比全球第一

自 2006 年起，世界经济论坛每年都会公布一份《全球性别差距报告》。该报告基于各国经济参与和机会、教育发展程度、健康和生存、政治赋权四个方面的 14 个指标数据得出性别差距指数排名，以此衡量各国男女平等程度。几乎在所有领域，男女性别差距都很大。

根据 2020 年的报告，按照当前政治、经济、卫生和教育等领域的发展速度，全球范围内的性别差距要 99.5 年后才能全面消除。男女在教育、健康和生存领域已基本接近实现性别平等，但在经济和政治领域，性别平等面临巨大挑战。

中国的数据比较有意思。从大学生性别比来看，中国在被统计的 153 个国家中排名第一：55.9% 的大学生是女性。国家统计局的《中国妇女发展纲要（2011—2020 年）》（以下简称《纲要》）统计监测报告数据与此相近：在 2018 年，普通本专科女生 1487.4 万人，占 52.5%，与 2010 年相比提高 1.6 个百分点；成人本专科女生 350.9 万人，占 59.4%，比 2010 年提高 6.2 个百分点。

此外，在专业技术工人女性占比这项上，中国也排名全球第一：51.7% 是女性。这些都是相当了不起的成就。中国高等教育近年来快速发展，整体已进入世界中上水平，高等教育毛入学率由 2010 年的 26.5% 提高到 2018 年的 48.1%。考虑到在中国男孩多女孩少的现状，中国女孩通过教育改变命运的机会要比其他国家的女孩更多。我在前一章讨论过，一般来说，学历越高收入越高。也就是说，中国女孩更有可能通过高等教育改变自己的财务状况和经济地位。

女孩在未来财富积累中可能面对的问题

领导还是男性多

在参政议政方面，全球各国的妇女参与比例要远远低于男性，其中也包括中国。根据《纲要》统计监测报告：第十三届全国人民代表大会中女代表占代表总数的 24.9%。政协第十三届全国委员会中女委员占委员总数的 20.4%。2018 年，村委会主任中女性占比为 11.1%。

在企业管理方面。2018 年，企业董事会中女职工董事占职工董事的比重为 39.9%。但是，企业高管，特别是大型企业高管中女性比例还是太低。根据 2013 年美国博斯公司的调查，在全球 2500 家上市公司中，北美企业中女性 CEO 比例最高，为 3.2%。中国企业中为 2.5%，排名第二。

麦肯锡《职场中的女性 2020》报告发现，在美国，47% 的初级职员是女性。随着职业级别的不断上升，女性所占的比例越来越低：38% 的经理、33% 的高级经理、29% 的副总裁、28% 的高级副总裁、21% 的领导层（公司前 5 名最高级别的领导）是女性。报告发现，最大的性别差距产生在从底层职员到经理这第一步：每 100 位男性从初级职员被提拔为经理，对应只有 85 位女性职员被提拔。底层女性职员比男性职员晋升的可能性低 18%。这直接导致了在经理这一层面，只有 38% 是女性。

在男女同工同酬的问题上，中国也面临挑战。《全球性别差距报告》显示，中国男女同工同酬比例为 0.64，排世界第 75 位。在收入方面，男女收入差距也很大。中国女性预估收入只占男性的 61%，收入差距排名第 79 位。

歧视与偏见

针对女性的歧视和偏见自古就有。

在封建社会，妇女被要求"三从"（未嫁从父，出嫁从夫，夫死从子）和"四德"（妇德、妇言、妇容、妇功）。皇位只传男不传女。太多"绝技"和手艺也只传男。

在犹太教传统中，哀悼者的祈祷文（the Kaddish）必须由男性来背诵。如果家里没有男性，则必须由家庭外的男性来背诵。

美国 1789 年设立参议院，1790 年设立最高法院。直至 1933 年，海蒂·卡拉韦（Hattie Caraway）才成为第一位赢得参议员选举的女性。直至 1981 年，桑德拉·戴·奥康纳（Sandra Day O'Connor）才成为首位女性最高法院大法官。2021 年，卡马拉·哈里斯成为美国历史上首位女性副总统。

美国前最高法院大法官布拉德利（Joseph Bradley）曾在 1873 年的一项臭名昭著的判决中不支持妇女从事法律相关行业。他写道："属于女性的自然而适当的胆怯和谨慎显然不适合公民生活中的许多职业。"在他看来，妇女的"领域"不超出"家庭范围"，他认为："妇女的最高使命是履行妻子和母亲的崇高和仁慈的职务。"

2020 年 9 月 19 日，美国最高法院传奇大法官露丝·巴德·金斯伯格（Ruth Bader Ginsburg）过世。1959 年，她从哥伦比亚大学法学院以第一名的成绩毕业，但纽约没有一家律所或法院愿意雇用她。她在文集式自传中提到："即使到了 1968 年，法律界也还是男性的天下。当时的教科书和老师都可以作证。例如，一本1968 年出版的被广泛采用的一年级财产案例书中有这样一句补充评论：'毕竟，土地，就像女人一样，注定是要被占有的。'"

即使在今天，针对女性的歧视和偏见还是随处可见。

在职场中，对于男性来说，成功与受欢迎程度是正相关的；而对女性来说，成功与受欢迎程度是负相关的。[1]

在 2017 年的某峰会上，一股权投资公司老总赤裸裸地表示："女 CEO 一般不投。"该老总表示："女性由于生理、心理及照顾家庭及生育等原因，在创业这件事上比男性要吃亏得多，同时在战略、格局及心态等方面也较男性有些差异，女性比较适合做副手；如果硬要做一把手的话，其下属也非常不容易，因此对于女性 CEO 一般不投。"

基于性别的认同规范

传统、文化、社会都有针对女性的基于歧视和偏见的约定俗成的条条框框或规范，这必然会影响到家庭内部男女之间的协作和分工，会体现在夫妻之间对谁赚多赚少的看法上，也会反映在家庭财务管理决策方面。

几位经济学家[2]研究了夫妻相对收入比这个有趣问题。"男人应该挣得多"这种不成文的规范会导致人们对妻子较丈夫收入高的情况产生反感。这种反感会影响结婚的决定、妻子的工作选择、婚姻满意度、离婚可能性及家庭内的协作。学者们利用美国的数

---

1 Madeline E. Heilman and Tyler G. Okimoto, Why Are Women Penalized for Success at Male Tasks?: The Implied Communality Deficit. Journal of Applied Psychology 92, no. 1 (2007): 81–92。

2 Bertrand, Marianne, Emir Kamenica, and Jessica Pan. Gender identity and relative income within households. The Quarterly Journal of Economics 130, no. 2 (2015): 571-614.

据证实了这样的因果关系。例如，他们发现在妻子收入高于丈夫的家庭，夫妻幸福感较低，婚姻纠纷更多，最终离婚的可能性更大。他们还发现，高收入的妻子花在家务活儿上的时间相对更多。这表明，对丈夫地位产生"威胁"的妻子承担了更多的家务活儿，以缓减丈夫对这种情况的不安。当然，妻子最终可能会厌倦这种生活，这可能是导致离婚的因素之一。

南卡罗来纳大学的金融学教授柯达[1]基于性别认同规范提出了另一个假设——这种规范限制了妻子对配偶之间财务决策过程的影响。这反映在，即使妻子在财务管理方面很成熟，她对家庭内部财务决策的影响力可能也会相对较小。柯达对比了两组家庭：第一组，妻子从事金融工作但丈夫没有；第二组，丈夫从事金融工作但妻子没有。他发现在控制了包括教育、收入、财富等诸多影响因素后，第一组家庭的股票市场参与度要比第二组的低 2～7 个百分点。他还发现如果妻子转行到金融业，家庭的股票市场参与度要提高 6 个百分点；相比之下，如果丈夫转行到金融业，家庭的股票市场参与度则要提高约 9 个百分点。柯达的研究成果支持了其假设——性别认同规范限制了女性对家庭内部财务决策的影响。

财商培养上的应对

在中国，争取女性平等的路也很长。作为家长，我们在自己要做到平等对待女性的基础上，应时刻提醒孩子，无论是男孩还是女孩，不能歧视任何人。这是品格和财商培养的重要部分，否则

---

[1] Ke, Da. Who wears the pants? gender identity norms and intra-household financial decision making. Journal of Finance，已被录用。

等孩子长大了，他们将很难成功，也很难幸福。对于稍大些的女孩来说，家长要不失时机地告诉她们，针对女孩／女性的偏见、歧视、世俗的规范还是客观存在的，并理性地教导孩子，一旦出现被歧视的情况应如何应对。

与孩子财商培养相关性较高的有几个方面。

首先，我们要培养孩子的独立精神，包括财务独立和思想独立。财务独立意味着孩子成年后能够在生活上独立。这突显了从小进行财商教育的重要性。金斯伯格大法官坦言她妈妈教导她的最重要一点就是"要独立……独立意味着如果你遇到并嫁给了白马王子那很好，但是不管你遇上还是没遇上，你要永远做好自己照顾自己的准备"。思想独立意味着，女孩／女性不应屈服于任何歧视、偏见和所谓的社会规范。女大学生可以拒绝导师的饭局，女业务员可以拒绝陪酒，女性赚钱完全可以比男性多……

其次，我们要鼓励女孩从小就敢于为自己的正当权利发声，长大后敢于为自己的福祉发声。

2021年3月21日在李堡市
的集会上

在新冠肺炎疫情期间，亚裔在美国受到了激增的种族主义攻击。很多因为疫情失业、生活受到影响的非亚裔美国人迁怒于在美亚裔。在2020年3月中旬至2021年2月底的近一年时间里，发生了近3800起针对亚裔美国人的种族歧视事件。2020年3月16日，美国亚特兰大市发生枪击案，事件造成8人死亡，其中6名是亚裔女性，当中两人为华人！这个导火索彻底激怒了亚裔社区，美国各地爆发了"Stop Asian Hate"（反对仇恨亚裔）的集会和游行。

我们全家也积极参与其中。女儿和妈妈合作，用家中的硬纸板做成大标语，用颜色鲜亮的水彩笔绘制了"Stop Asian Hate"的标语，双手高高举在头顶，参加了社区的游行。女儿是游行队伍里最小的成员，但是她嘹亮的口号震撼了每个人。我相信这个宝贵的经历会让女儿以后遇到不公平待遇时，会主动站出来维护自己的权益，而不是做一个沉默的羔羊。

卡耐基·梅隆大学经济学教授琳达·巴布科克[1]（Linda Babcock）发现男女性在工资谈判中呈现巨大差异。多数男性会试图和雇主协商自己的起薪，而只有很少的女性会这么做。根据巴布科克的估计：由于不愿意为自己的第一份工作薪水"讨价还价"，一个人在一生中失去的总收入大约为 50 万美元。她的研究还发现对于争取自身福祉（如加工资），女性往往更难以启齿；但如果是为了帮他人争取加工资，女性则会很积极。

被称为"美国个人理财女皇"的苏茜·欧曼（Suze Orman）在她的《女性和金钱》（*Women & Money*）一书的一开始就指出："当涉及有关金钱的决定时，你（女性）拒绝为你的最佳利益而行动。这不是智力问题，你完全有能力理解你应该做什么。但是你根本不会在经济上照顾好自己……你（总是）先为其他人做，最后才为自己做。"

再有，我们要让女孩时刻警惕可能的同工不同酬现象。无论是在外实习打工，还是正式工作，女孩要有策略地多问问、多研究比较自己的薪酬（工资、补贴、奖金等）是否比同等资历的男性要低。如果发现这样的情况，不要害怕，勇敢地提出来，必要

---

1 巴布科克有两本相关书籍。一本是 *Ask For It*（《去问吧》），另一本是 *Women Don't Ask*（《女人不问》）。格兰特在《给予和索取》一书中也探讨过巴布科克的研究。

时诉诸法律或提交劳动仲裁。好的企业出现类似问题会很快纠正，不愿意纠正的企业也不值得留恋。

我在"财富来自努力工作"一章探讨了劳动的重要性，以及孩子做家务何时需要给钱的问题。家长在给孩子报酬时，要做到尽可能公平。这体现在两点：

第一，如果家里有多个孩子，家长在给劳动报酬时，只要孩子做的事一样，完成质量差不多，给的报酬必须一样。美国一项调查显示：父母给 5 ~ 7 岁的男孩每周的零用钱比给同年龄段的女孩多 50%。平均来看，男孩每周通过家务劳动赚 13.80 美元，而女孩每周赚 6.71 美元。[1] 家长在家里要做到一碗水端平。

第二，如果外人做某项家务（如照顾小孩 3 小时）需要给 50 元，孩子做了同样的家务，我们需要给孩子一样的报酬，以从小培养她们对同工同酬的认识和意识。

打破"天花板"

美国首位女性最高法院大法官奥康纳曾说："对男人和女人来说，获得权力的第一步是让别人看得见，然后上演一场令人印象深刻的表演……随着女性获得权力，这些障碍就会消失。当社会看到女人能做什么，女人看到女人能做什么，就会有更多的女人在外面做事，我们都会因此变得更好。"

---

[1] 可能的原因是男孩做的家务更辛苦，如洗车、修剪草坪。Kari Paul, The wage gap starts at home: boys are paid more than girls for household chores，来源：https://www.marketwatch.com/story/the-wage-gap-starts-at-home-boys-are-paid-more-than-girls-for-household-chores-2018-07-06。

各国各个阶层的人都越来越意识到男女平权对女性和男性的重要性，以及对社会发展的重要性。

在职场上，更多的人意识到巾帼不逊须眉。

北欧联合银行在研究了全球 1.1 万家上市公司后发现[1]：由女性担任首席执行官或董事会主席的公司股票回报要远远超过大盘。2009 年至 2017 年，女性任 CEO 的公司股票年化收益率平均为 25%，而同期 MSCI 世界指数年化收益率只有 11%。该银行的投资经理罗伯特·奈斯（Robert Naess）认为："女性在预测中更趋于保守，留出更多空间给市场惊喜。另外，只有最优秀的女性才能成功登顶。这意味着和很多男性总裁相比，她们有着更强的才干。"

女性的才干不单单体现在领导才能上，还在于女性因生理和生活经历等差异而拥有独特观点和视角，她们能够协助团队更彻底地处理信息，让决策者能够听到不同声音。两位学者研究了公司领导层中有女性对公司业绩的影响。[2] 他们认为女性领导为公司领导团队带来了信息和社会多样性方面的好处，能够提升公司所有管理者的行为表现，并激励女性中层干部。其结果就是管理任务绩效得到改善，公司业绩得到提高。

更多的天花板不断被打破。

2020 年 11 月 13 日，华裔女性伍佩琴（Kim Ng）被美国职业棒球大联盟的迈阿密马林鱼队（Miami Marlins）聘为总经理。她

1 Walsgrade, Jonas Cho, Female CEOs Hold Key to Returns for $42 Billion Stock Manager, July 31, 2017. https://www.bloomberg.com/news/articles/2017-07-31/a-42-billion-stock-manager-says-women-ceos-are-best-investment.

2 Dezsö, Cristian L., and David Gaddis Ross. Does female representation in top management improve firm performance? A panel data investigation. Strategic Management Journal 33, no. 9 (2012): 1072-1089.

是美国四大职业体育联盟（橄榄球、篮球、棒球、冰球）中，有史以来第一位女性总经理。为了这一天，她准备了30多年。

　　伍佩琴身高只有 1.57 米。她在高中时同时参加了网球队和垒球队，身体条件毫不出众的她，凭着对运动的热爱和执着，成为校队领袖。1986 年至 1990 年，她在芝加哥大学读书，同时是校队球员。当时她的教练万斯是这么评价她的："伍是一名聪明的球员，她火热的一面让队友变得更好。她是天生的领袖。"

　　她的偶像是网球明星比利·金（Billie Jean King）和玛蒂娜·纳夫拉蒂洛娃（Martina Navratilova）。她说，金为（女性）平等而战，纳夫拉蒂洛娃则"改变了（人们心目中）女性运动员的（固有）形象"。她的毕业论文研究的是 1972 年美国通过的一项重要法律的影响。该法律禁止教育机构的性别歧视，极大地开拓了美国妇女参加体育运动的机会。

　　1990 年，伍佩琴从芝加哥大学毕业后在芝加哥白袜队找到了一份实习的工作。当时她在银行工作的妈妈开玩笑地问她："我的投资回报是什么？"[1]"什么都没有！"伍佩琴的实习是没有报酬的！[2]

　　美国棒球大联盟有 30 个总经理职位。2005 年，年仅 36 岁的伍佩琴首次面试洛杉矶道奇队总经理。当时她就被一致认为会是联盟历史上第一位女性总经理。"去掉她的名字，

伍佩琴在记者招待会上，
图片来自球队官方视频截图

---

1 她妈妈资助了她的大学学习，她做会计师的爸爸在她 11 岁时过世。
2 Tyler Kepner, James Wagner, Kim Ng Has been Ready for Years,《纽约时报》，2020 年 11 月 18 日。

看看她的简历吧！"堪萨斯城皇家棒球队总经理阿拉德·拜尔德（Allard Baird）说："只看这些资历。一旦你了解她的性格，你就知道她会做得很好！"拜尔德说这话的时候是 2005 年。当时在《芝加哥论坛报》刊登的一篇题名为《女性管理棒球队？不可避免！》的文章认为："从老板到总经理，再到经纪人，每个人都希望其中一位很快是位女性。"[1] 但这个"不可避免""很快"成为现实花了 15 年！

2020 年 11 月 16 日，在受聘后的记者招待会上，伍佩琴坐在球队主场的一张椅子上，以平缓、自信、偶尔动情的语调感谢家人、朋友和同事。她感谢有个"绝对无情的"、要求她无论做什么都要追求成功的母亲，感谢在天堂的父亲让她从小热爱上体育。

当看到她说"这让我意识到，（我的任命）这对很多人来说真的是一线希望和鼓舞。如果你努力工作，持之以恒，有动力，继续前进，最终你的梦想就会实现"时，我忍不住流泪了。有位外国记者请她向他刚刚两周大的女儿及所有女孩说两句话。她的回答是："一切皆有可能！"

我有个年幼的女儿。伍佩琴历史性的任命，让我及亿万家长看到了一切可能，看到了希望和鼓舞！"有句格言：如果你看不见，你就不能成为她，"伍佩琴在回答另一位记者提问时说，"现在你们可以看到了。"

伍佩琴是体育界打破天花板的人。更多的女性在法律界、政界和商界走在了最前端。

1956 年，当金斯伯格在哈佛法学院就读时，那一届 500 名学

---

1 Jeff Passan, "A woman running a baseball team? It's inevitable." 《芝加哥论坛报》，2005 年 12 月 14 日。https://www.chicagotribune.com/news/ct-xpm-2005-12-14-0512140142-story.html。

生中只有 9 位女性。2018 年，哈佛法学院招收的学生当中有 49.8% 是女性。在全美所有法学院 2018 级学生中，女性占比为 52.39%。[1]

华裔女总裁苏姿丰（Lisa Su）3 岁时随父母从台湾移民到美国。从小她父母就鼓励她学习数学和科学。她很小的时候就立志将来要成为一名工程师。她说："我对事物的运作方式非常好奇。"喜欢钻研的她 10 岁时就把哥哥的遥控车拆开，研究里面的构造。她先后获得麻省理工学院电气工程学本科、硕士和博士学位。2014 年 10 月，不到 45 岁的她被任命为 AMD 半导体公司总裁。2019 年，她的年收入位列美国标普 500 上市公司薪酬榜第一，高达 5853 万美元。在她的领导下，AMD 的股价从 2 美元左右上涨到 2020 年底的 90 美元左右。[2]

有一段时间，一篇硕士学位论文比较火。该论文研究的是格力电器女总裁董明珠的"自恋"及其对公司治理和发展的负面影响。我在这里不对该论文的科学性、严谨性做评论。我只想用我在另外一篇文章中的最后一段话，从不同的角度来表明不一样的观点："在今天，我们有足够的信息和渠道去研究和评判女性领导在各行各业扮演的重要角色。有一点可以肯定，我们还远远没有将'半边天'的潜力和作用发挥出来。我们的女领导太少了！我们需要更多的吴仪、董明珠、张欣和孙亚芳们！"

她们并非完人，但她们给亿万女性带来的榜样力量不是股价涨跌 10% 可以衡量的。她们让其他女性看到可能，意识到也许"我也可以"！希望我们有更多领导者是女性，她们的榜样力量可以激励更多的女性走上领导职位，推动女性社会地位的改变。

---

1 数据来源：https://www.enjuris.com/students/law-school-female-enrollment-2018.html。
2 AMD 在 2020 年 12 月 31 日的收盘价为 91.71 美元。本段内容来源：https://en.wikipedia.org/wiki/Lisa_Su#Awards_and_honors。

我相信在未来，中国女性的发展和生存空间一定会更好。今天，我们所能做的是，培养好我们的女儿，培养她们的坚毅、专注和不为短期利益所动的精神。伍佩琴的妈妈在得知女儿被任命为马林鱼队总经理后，是这么说的："去吧！姑娘。让那些男孩子看看你是怎么做的。而且，顺便说一句，我对你的投资，回报非常好，未来还有更多的回报。"从30年前的无薪实习到30年后的总经理，投资期限虽然长，但回报确实很棒！

本章探讨的是女孩和男孩之间诸多的不同、人们对女性的歧视和偏见、习俗与社会对女性的条条框框和规训，以及我们在培养女孩财商时应该注意的问题。

无论男女之间的不同是如何引起的，我们都要意识到对女孩／女性的财商教育是非常不足的。美洲银行美林证券在2019年发布了一份名为《女性和财务健康》的调查报告[1]。该报告指出，在被调查的女性中，41%的人表示他们经济上最大的遗憾是没有更多地投资。投资为女性提供财富增长的机会，这是单靠固定收入无法做到的。而缺乏投资知识是她们投资的第一大障碍。其次是缺乏信心，所有女性都希望自己能接受更多有关金钱和金融的教育。87%的女性表示，基本财务管理应该成为高中阶段不可缺少的课程。最后，女性的平均寿命要比男性长好几年。这意味着女性在晚年更可能独处，须在经济上更加自力更生。

我想在本章传递的信息就是，家长应更加注重对女孩财商的培养，协助她们尽早独立、做更长远的规划。

---

1 Women & Financial Wellness: Beyond the Bottom Line, Merrill Lynch, Bank of America, 网址：https://www.bofaml.com/content/dam/boamlimages/documents/articles/ID18_0244/ml_womens_study.pdf。

梦想清单

- 找一些有关古今中外杰出女性的书籍。如果孩子还小，找一些图画书。如果孩子比较大，可以让孩子读几本女性人物传记或回忆录。读完一本书后，家长要和孩子讨论该杰出女性取得了何种成就、战胜了何种挑战（包括歧视）、对孩子有哪些激励等。

- 鼓励女儿积极参与学校组织的活动，争当班级先进，竞选班长、课代表等。1970 年，44 岁的撒切尔夫人认为"在我有生之年（英国）不会出现女首相——男性们有太大偏见了"。但她错了！仅仅 9 年之后，她就成为英国历史上第一位女首相，在职时间长达 11 年。我们不但自己要坚信，更要让女儿坚信：未来将会有更多的天花板被打破。如果别人不能打破，我愿意去打破。

- 女儿 10 岁之后，爸爸每个月单独和女儿吃饭一次。不少女孩的青春期 10 岁就开始了。爸爸是女孩一生中最重要的男性。女孩对其他男性的理解很大程度上是建立在她对爸爸理解的基础之上的。爸爸首先要做的就是倾听，让女儿完全地信任自己。这样，女儿如果在外边受委屈了，就会向爸爸诉说，而不是瞒着。其次，爸爸要告诉女儿哪些行为是可以接受的，哪些是不可以的，无论是否自愿。

- 妈妈和女儿每个月单独活动一次。可以是一起做面膜，也可以一起看电影、看一场女子比赛等。妈妈是女儿的主心骨。一方面，妈妈是女儿行为做事的榜样，另一方面，妈妈能随时给予女儿心理支持和鼓励。金斯伯格大法官和伍佩琴都因母亲的鼓励，使得自身的潜能得以释放。

- 带女儿到附近的科学馆参观学习。如果有朋友在高校某科学或工程实验室工作，可以带女儿到那里参观一下。

- 鼓励、挑战女儿做一些常人认为该由男孩做的事情。比如洗车。